ANATOMIE
DU MONDE
SUBLUNAIRE.
CONTENANT

LES DEMONSTRATIONS DES
difpofitions, de la conftitution & mouvemens de toutes les parties du Globe
élementaire, depuis fa circonference
jufqu'à fon centre.

DISCOURS UNIVERSEL SUR TOUS
les Arts & fur toutes les Sciences, fervant d'introduction à ce Traité, dans lequel il eft parlé,
1. De la divifion des Sciences. 2. De leur enchainement. 3. De l'origine de leur incertitude &
de la diverfité des methodes. 4. Des deux moyens
d'ôter l'incertitude aux Sciences, l'un par les obfervations & experiences faites dans toutes les parties du monde, & l'autre par une methode exacte
dans l'examen des proportions & des raports des
chofes. 5. De la fin de toutes les Sciences & de
celle de ce Traité.

ARTICLE PREMIER.

De la divifion des Sciences.

CEUX qui ont formé leur conduite
fur les maximes de la Sageffe, dont

A

le principal point confiste à se connoître &
à rendre la justice dans soy-même aux parties qui nous composent, par la preference
des plus nobles ; ont mis leurs plus grands
soins à cultiver leur esprit par les sciences,
& à le perfectionner par l'étenduë & par
la clarté de leurs connoissances.

Les uns se sont déterminé par l'élevation de leur esprit, à la speculation des choses sublimes ou universelles ; les autres
par leur curiosité à la recherche des causes
cachées des effets naturels ; & les autres
par leur prudence à la connoissance des choses utiles.

ARTICLE II.

Objets des diverses Sciences.

Les premiers se sont attachez à la contemplation des choses Divines, surna-
turelles, ou abstraites ; les seconds à la penetration des mysteres de la nature ; & entre les derniers, les uns ont recherché la
connoissance des vertus qui conduisent à la
felicité de l'ame, & les autres celle de la
constitution & des dispositions du corps.

Toutes les Sciences sont subdivisées en
plusieurs especes, sous des noms convenables à leurs objets ; leur progrés depend de
l'attachement & de l'assiduité des Studieux,
& les moyens de les porter au plus haut
point de leur perfection, consistent dans la

ANATOMIE
DU MONDE
SUBLUNAIRE,

CONTENANT

LES DEMONSTRATIONS
des difpofitions, de la conftitution
& mouvemens de toutes les parties
du Globe élementaire ; depuis fa
circonference jufqu'à fon centre.

A LYON,
PAR LA SOCIETE'.

M. DCCVII.

AVEC PRIVILEGE DU ROY.

connoissance des rapports que les unes ont avec les autres, par l'ordre & par l'enchainement de leurs principes, & par la convenance de leurs matieres.

Cette verité est connuë de ceux qui ont contracté beaucoup d'habitude à entrer dans le sens des Autheurs anciens & nouveaux, qui ont excellé dans l'une ou dans plusieurs de ces Sciences, & de ceux qui les ont reduites sous des principes communs ou universels, au moyen des idées generales qu'ils se sont formées de leurs objets.

ARTICLE III.

De l'origine de l'incertitude dans les Sciences & de la diversité des methodes.

MAis la plus parfaite intelligence de tous ces Auteurs, contente rarement les esprits les plus solides, la multitude & la varieté de leurs sentimens, & celle des moyens qu'ils ont employés pour les établir, engendrent ordinairement des incertitudes & des confusions, qu'il est necessaire d'éclaircir par le secours d'un jugement droit & exquis, & par un discernement juste & exact des rapports & des differences des opinions & des methodes, afin d'en peser les raisons, les principes & les consequences ; en reconnoître l'ordre & la disposition ; reserver ce qui a le plus de force & le plus de poids ; & faire un juste choix des voyes les plus reguliéres pour aller plus droit à la verité.

C'est seulement par deux voyes, mais assez vastes & étenduës, que ces differens Auteurs se sont écartés dans cette grande diversité de sentimens ; dans la premiere les plus speculatifs ont tiré l'origine des choses de certains principes, préalablement supposés, que les uns ont estimés spirituels ou abstraits, les autres les ont imaginés materiels, les uns les ont crû simples & singuliers, & les autres ont soutenu qu'ils sont de plusieurs natures & d'un plus grand nombre.

Dans la seconde de ces voyes d'autres Auteurs plus circonspects ont tâché de remonter par les effets à la connoissance des causes.

Cette seconde voye est subdivisée en deux autres ; dans la premiere les Curieux tendent à leurs fins par des experiences qu'ils font sur les sujets qu'ils ont en leurs mains ; & dans l'autre les Contemplatifs ramassent les Observations qu'ils font des mouvemens, & autres accidens des objets des plus élevés ou des plus dignes sujets de la nature.

L'intention des Sectateurs de la premiere de ces dernieres voyes, est de découvrir par diverses experiences les principes naturels de toutes les dispositions, actions & passions des objets qui tombent sous nos sens ; & les Sectateurs de la seconde ont inventé des systémes qu'ils ont estimés suffisans à l'explication de tous les Phenoménes, obſervés dans leurs contemplations.

Quoiqu'il y ait moins de détours par ces dernieres voyes, neanmoins la diverſité des cauſes auſquelles on peut referer les mêmes effets, & les differentes hypotheſes qui peuvent produire les mêmes apparences, laiſſant une égale probabilité à leurs inductions, & à leurs ſupoſitions, ont donné de pareilles occaſions à la varieté des opinions; & les divers Sectateurs de ces differentes voyes ont cherché pluſieurs expediens pour maintenir la ſeureté de celle qu'ils ont tenuë, & trouvé un grand nombre d'inconveniens par leſquels ils prétendent former l'entrée à celle des autres.

Leurs perpetuelles conteſtations ſur ces prétentions opposées par des affirmations contraires & par des objections reciproques, par leſquelles ils s'obſtinent à ſoutenir leur parti, & s'efforcent de renverſer celui de leurs adverſaires, decouvrent le danger qui ſe rencontre à les ſuivre, & à s'engager dans leurs differens.

ARTICLE IV.

Des moyens d'ôter l'incertitude des Sciences ; ſçavoir, premierement par les obſervations & experiences faites dans toutes les parties du monde.

CEs conſiderations faites avec une meure deliberation par une perſonne

avancée en âge, aimant les sciences dés sa
jeuneſſe, qui eſt entré ſucceſſivement dans
toutes les Sectes, qui en eſt revenuë ſans
prévention, & qui en a rapporté une entiere indifference, l'ont determiné à en-
treprendre un long travail pour ouvrir &
aplanir un chemin peu ou point battu, qui
pourra être moins traversé, & dans lequel
les curieux de la verité trouveront des
adreſſes plus frequentes & plus ſeures pour
le point auquel ils aſpirent de parvenir.

Cette route cy-devant inconnuë eſt tra-
cée par un amas d'obſervations faites dans
toutes les parties du monde Sublunaire, des
divers mouvemens de la nature; les convenances & les proportions de ces mouvemens font les adreſſes qui conduiſent à
leurs cauſes particulieres & prochaines; les
comparaiſons de ces mouvemens à ceux
des corps celeſtes font les milieux qui ouvrent le paſſage à la connoiſſance des cauſes ſuperieures; & celles-cy font le dernier
degré pour s'élever à la contemplation de
la cauſe ſuprême, generale & univerſelle.

Cette voye reſſerrée par des barriéres
qui ne permettent pas de ſe beaucoup écarter, ſera la plus capable de charmer l'ima-
gination, & de ſatisfaire l'eſprit par les
agrémens qui s'y rencontreront, de tout
ce qu'il y a de plus curieux & de plus ad-
mirable dans le circuit & dans la ſuperficie de ce bas monde, dans le plus profond
où l'on a pû penetrer de ſes entrailles, dans
le plus haut où l'on a pû parvenir de ſes

éminences, & dans tout ce que la nature a
eu de plus extraordinaire & de plus memo-
rable arrivé dans la succession des siecles.

Les expediens necessaires pour rendre ce
chemin asseuré, sont les recueüils qu'on a tiré & mis en ordre des relations de tous les
pays du monde, & des voyages de plus long
cours, de celles que divers Curieux nous
ont donné, des observations qu'ils ont faites dans les lieux sous-terrains, dans les
fonds des mines, & sur les sommets des
hautes montagnes ; des experiences, aufquelles d'autres se sont exercés, & des
memoires que les Historiens fameux nous
ont laissés ; des accidens ou évenemens
singuliers des siecles qui nous ont precedé.

I I. *Par une methode exacte dans l'examen des
rapports & des proportions des chofes.*

Tous ces guides sur la conduite desquels
il semble qu'on puisse s'asseurer, peuvent
neanmoins nous faire égarer, en s'égarant
eux-mêmes ; une seule relation est suspec-
te, & les differences qui se rencontrent entre plusieurs relations des choses des mêmes tems & des mêmes lieux, nous jettent
dans l'incertitude & dans le doute de leur
verité.

Les expediens pour se tirer heureuse-
ment de pareils embarras, sont de suspendre
son jugement sur tout ce qui peut faire
naître quelque suspicion par le defaut de
l'autorité ou de la reputation de l'Auteur,

ou par celui de la probabilité des circonftances, & de ne recevoir pour certains
que les faits fur lefquels plufieurs relations
conviennent, ou à la vrai-femblance defquels plufieurs pareilles obfervations concourent.

Plufieurs effets de même nature fe rencontrent dans des lieux & dans des tems,
& font accompagnés de plufieurs circonftances, dont la diverfité qui ne peut s'accorder qu'avec les caufes naturelles, donne
le moyen de les difcerner des étrangeres;
& ces caufes ainfi reconnuës, decouvrent
reciproquement l'origine de tous les effets
qui leur font propres & convenables.

Tous ces fignes obfervés en cette façon
dans les dehors, donnent une parfaite connoiffance de la difpofition du dedans, & la
connoiffance du dedans donne à fon tour
celle de tous les rapports & de toutes les
fuites des accidens & évenemens du dehors.

C'eft par de telles voyes que les Medecins font profeffion de connoître la difpofition des parties internes, & les caufes des
accidens qui paroiffent, ou qui arrivent à
l'exterieur; c'eft ainfi que les Naturaliftes
connoiffent la nature, & les vertus des
fimples; les Phyfionomiftes, les tempera-
mens & les inclinations; c'eft en cette forte
que par les actions & deportemens des
hommes, on juge de leurs mœurs, de leurs
habitudes & de leur religion, & que par
ces principes decouverts dans l'interieur
on peut rendre raifon ou avoir la prévo-

yance de toutes les apparences & de tous les mouvemens de leur exterieur.

Ces Arts, ces Dogmes & ces Sciences, dont les objets sont également éloignés, retiennent en cette façon dans l'ordre de leurs progrés des raisons & des proportions, par les comparaisons desquelles leur correspondance dans leurs principes & dans leurs conséquences est évidemment entretenuë.

La constitution & les organes du corps humain doivent avoir ensemble les mêmes proportions que les diverses puissances & operations de l'entendement, & que les facultés & émotions de l'ame ont entr'elles; nos intentions, les obligations de nos devoirs & nos actions, ont ou doivent avoir ensemble les mêmes proportions qu'ont entr'eux les objets ausquels elles se rapportent; & tous les effets conservent entr'eux les mêmes proportions que leurs causes gardent entr'elles.

ARTICLE V.

De la fin de toutes les Sciences & de celle de ce Traité.

C'Est au moyen de ces proportions que les qualités & les circonstances de ces effets representent les vertus & la disposition de leurs causes ; c'est par l'observation des proportions qu'un petit tableau re-

presente en racourcy un grand corps , &
qu'une petite Carte represente tout un
pays ou tout le globe de la Terre , & c'est
en cette maniere que l'Univers est à l'image
de Dieu , & que l'homme est à l'image de
l'un & de l'autre.

Ces relations doivent être mises ailleurs
dans un plus grand jour , mais celle qui
merite la premiere consideration & qui
donne le prix à toutes les œuvres , à tous
les Arts , & à toutes les Sciences est la fin
à laquelle elles tendent , dont la droiture
nous peut fournir des exemples & des regles pour diriger à la plus juste tout le
cours de ce Traité.

La fin prochaine de la Medecine est la
santé du corps ; celle des Naturalistes est
l'application des simples & des autres corps
à l'usage des hommes ; celle des Physio-
nomistes & des autres sciences conjectura-
les est la connoissance des inclinations pour
les diriger ou corriger par de bonnes habitudes ; celle de la Morale est la direction
des mœurs par la raison ; celle de la Politi-
que est la prosperité de l'état ; celle des
sciences speculatives est d'éclairer l'entendement ; celle de tous les Arts & de toutes
les Sciences pratiques est dans les biens du
genre-humain; & enfin celle de la Religion
consiste dans les devoirs envers Dieu , envers son prochain , & en vers nous-mêmes
comme creatures de Dieu.

C'est à cette juste & digne fin de la Religion,que toutes les autres fins doivent être

referées , on ne doit conferver ni rétablir la
fanté du corps , ni lui procurer l'ufage des
dons de la nature , que dans le deffein de le
tenir ou de le rendre plus difposé aux operations de l'entendement; ce n'eft que pour
maintenir ou remettre l'ame dans une loüa-
ble difpofition, que nous devons regler nos
mœurs & nos inclinations ; ce n'eft que
pour la perfectionner & pour la bien conduire qu'il convient de l'éclairer par les
fciences ; la fin raifonnable du bonheur de
l'état , eft la vertu des peuples , & generalement toutes ces fins plus & moins prochaines d'operations de l'entendement , de
difpofitions , lumieres , & perfection de
l'efprit & de l'ame & de l'exercice des vertus doivent être réünies dans l'unique &
derniere fin de nôtre devoir envers nôtre
Createur & envers fes creatures.

CHAPITRE PREMIER.

De l'ordre & du deffein de ce Traité.

ARTICLE I.

*De l'obfervation de tous les fignes & de toutes
les marques qui fe trouvent au dehors du
monde, de la conftitution du dedans.*

L'Ordre de ce Traité pour élever par degrés les efprits à une fin fi haute & fi

noble, eſt de penetrer premierement par le moyen des marques exterieures dans la connoiſſance des diſpoſitions de ce Globe élementaire, & dans celle de tous les principes qu'il renferme juſqu'au fonds de ſon centre ; d'en expliquer tous les effets & tous les mouvemens par la certitude de leurs cauſes, de revenir & de paſſer enſuite par le milieu de tous les élemens pour monter juſques aux Planettes, au Firmament & au plus haut des cieux, d'obſerver les rapports & les proportions reciproques des natures & des mouvemeus des corps celeſtes & élementaires ; & de découvrir la correſpondance de toutes les parties de l'Univers.

ARTICLE II.

Des obſervations des rapports reciproques de l'Homme & de l'Univers.

CE projet paſſe plus avant, il s'étend aux obſervations des rapports que le petit & le grand monde, l'homme & l'Univers ont enſemble dans la commune image que leur Auteur leur a imprimée de ſa nature ; & à conſiderer avec admiration dans leurs diverſes parties, puiſſances, & facultez, les traces & les veſtiges des attributs de la Divinité.

Mais les longues ſtations qu'il convient de faire dans tous les points d'une conſideration si importante qui se rencontre dans l'étenduë de cette voye, ne font pas les limites de ce projet ; les approches en font dans les comparaisons de tous les devoirs du petit monde à l'ordre & à la regularité du grand, & à la concorde & harmonie de tous ses mouvemens ; & le dernier terme qui fait le premier motif & la derniere fin de ce Traité, est dans la pratique du petit monde, de tous ses devoirs envers son Createur & envers ses creatures en toutes ses affections & en toutes ses actions.

Les convenances de ces deux mondes dans les bornes & dans les imperfections de leur commune nature creée, ne font pas moins grandes que celles qu'ils ont dans les caracteres qu'ils portent de la divinité, ils font également dissipés & differens d'eux-mêmes par une continuelle varieté & par de perpetuels changemens, & hors les secours de leur commun Auteur par les influences, & par les graces duquel ils font relevés des défauts de leur être aux degrés de vertus & de perfection, dont leur creation les a rendu capables, ils n'ont rien de stable ni rien de permanent.

Ch. 7. De la sagesse. In se permanens omnia innovat, scilicet Dei sapientia, au même chap. vicissitudinum permutationes, mutatio omnium, &c. Mercure Trimegiste dans son Asclevius nihil stabile, nihil fixum, nihil immobile, &c.

Les reflexions sur ces veritez solides font d'une grande utilité, pour empêcher l'esprit de s'élever au dessus de son ordre, afin de l'arrêter dans la consideration de la foiblesse & de la bassesse qui lui font communes avec les autres creatures, & pour le retenir devant Dieu dans une soumission & dans une humilité volontaire aussi profonde que cel-

les qui lui conviennent par la ressemblan-
ce de sa nature à celle du monde materiel.

C'est en bref tout le dessein de ce Traité,
entrepris dans l'esperance d'être éclairé par
celui duquel procedent toutes les lumieres,
auquel se doivent referer toutes les verités,
& le succez de tout ce qui est & sera com-
pris dans ce Discours, & duquel les erreurs,
les défauts & les manquemens se doivent
imputer à la foiblesse du genie de celui, du
ministere, duquel ce premier Auteur de tous
les Estres, s'est servi pour le mettre au jour.

A R T I C L E III.

Division de ce Traité.

LEs premieres demarches de ce dessein,
suivant l'ordre cy-devant projetté,
doivent être faites par une pleine exposition de tous les signes du temperament &
constitution interieure de ce Globe élementaire, qui se rencontrent au dehors, & dans
les endroits où les travaux, ou industrie
des hommes ont pû pénétrer ou atteindre,
dans lesquels ils ont observé les dispositions,
mouvemens & revolutions des élemens &
des autres corps provenans & participans de
la nature de l'un ou de plusieurs des élemens.

Le fondement de tous les élemens sur le
centre commun du Globe terrestre, nous in-
dique le même ordre dans les relations ne-

cessaires qui seront premierement faites des observations tirées de la terre & de celles des corps graves & solides ; Secondement de celles des eaux & des matieres fluides, & ensuite de celles de l'air, des vapeurs, des exhalaisons & des vents ; & en dernier lieu du feu & des matieres ignées.

Mais les affections reciproques de ces élemens, les faisant souvent concourir, se mêler & se confondre aux mêmes endroits, engagent dans le discours particulier de l'un de rapporter des autres tout ce qui est necessaire pour l'explication des circonstances de celui qui fait la principale matiere ; reservant le surplus de ceux qui ne font pas le sujet proposé à leurs propres chapitres, ou au chapitre commun qui demontre plus clairement leurs occurrences & leurs concurrences, par rapport à leurs causes & à leurs principes.

Cet ordre sera premierement observé dans une idée universelle qui sera donnée de la constitution, temperament, disposition, mouvement en particulier & en commun de tous les élemens, sur le fondement des observations & des experiences referées en general, & sur les consequences évidentes qui en sont tirées, conformes aux sentimens des plus graves d'entre les Anciens, & à ceux de quelques-uns des plus celebres d'entre les Modernes.

Toutes les observations, experiences & autorités seront ensuite au long referées dans le même ordre avec les citations des Auteurs, dont elles ont été tirées.

CHAPITRE II.

Des signes de la conſtitution interieure du Globe terreſtre tirés de ſon exterieur.

LEs ſignes de la conſtitution interieure du Globe terreſtre qui tombent ſous nos ſens conſiſtent.

I. Dans la temperature de ſa ſuperficie & dans les qualités des corps contigus à ſa ſuperficie.

II. Dans la temperature des corps ou ſubſtances qui ſortent de ſa profondeur, ou que l'on trouve en ſon exterieur.

III. Dans l'inégalité de ſa ſuperficie.

IV. Dans la nature des corps qui repoſent audeſſus ; dans celle de ceux qui en découlent, & dans celle de ceux qui ſont repouſſés ou élevés du dedans au dehors.

V. Dans la forme & maniere des mouvemens des corps graves, tombans ou pouſſés des hauteurs juſqu'à la ſuperficie des terres, & au deſſous de la ſuperficie dans les lieux les plus profonds.

VI. Dans le changement du poids ou peſanteur des corps graves, ſuivant qu'ils ſont plus ou moins éloignés de la ſuperficie & plus proche du centre du Globe terreſtre.

VII.

VII. Dans les mouvemens extraordinaires , communément appellés tremblemens de terre , & dans les accidens & circonftances des tremblemens.

VIII. Dans les corps qui entrent &
qui demeurent au dedans de ce Globe.

ARTICLE I.

*Des fignes de la conftitution interieure du Globe
terreftre, tirés des qualités de fa fuperficie ,
& de celles des corps contigus.*

LEs fignes du temperament du Globe
terreftre que l'on découvre dans fon
exterieur, confiftent dans les qualités des terres qui compofent fa fuperficie , dans celle
de l'air & des autres élemens ou corps mixtes qui lui font contigus , ou dans celle de
ceux qui s'élevent au deffus , ou qui s'a-
baiffent au deffous de ce Globe.

Les lieux des mêmes climats & de même afpect , étant ordinairement tant dans
les qualités de leur air que dans celles de
leur terre , d'autant moins chauds & d'autant plus froids qu'ils font plus élevés , &
d'autant plus chauds & moins froids qu'ils
font plus bas , demontrent par les differences qui fuivent celles de leur fituation dans
une plus ou moins grande diftance du centre , un principe de chaleur dans l'interieur
de la terre , fuivant les raifons & obfervations d'Eftienne Declave dans fon Traité des

B

Pierres & des Pierreries, de Morin, *de mundi sublunaris anatomia, & in relatione locorum subterraneorum., l. 1. ch. 14. & l. 2. ch. 2. kir-ker tom. 2. mundi subterr. lib. 10. c. 1.* Robert Boyle *de temperie subterr. region. cap. 2. part. 6. Indiæ orientalis cap. 47.* Voyage d'Edoüard Brouan en Hongrie, *p. 131.* Duhamel de *Meteoris, lib. 1. c. 1.* Les effets de ce principe de chaleur sont plus ou moins sensibles dans les diverses parties de la superficie du Globe terrestre, suivant & à proportion de leur plus ou moins grand éloignement de ce principe.

L'affoiblissement & la diminution de cette chaleur interne par la plus grande facilité que celle du Soleil qui pénétre jusqu'à une certaine profondeur, donne en Esté à son issuë & à son expansion au dehors ; & son augmentation au dedans par sa reduction & réünion dans un lieu plus étroit, lorsque les pores de la terre plus resserrés par le froid exterieur, permettent moins son issuë, son extention & sa dissipation au dehors, ainsi qu'il arrive dans les rigueurs de l'Hyver, démontrent également dans son interieur le principe caché dont elle part.

ARTICLE II.

Des signes tirez de la temperature des corps qui sortent de sa profondeur, ou que l'on trouve au dedans.

LEs Fontaines qui contractent par leurs passages dans les lieux profonds les qualités qu'elles rencontrent dans la terre, demontrent par la chaleur qui les fait fumer en Hyver, & par le froid qu'elles font sentir au fort de l'Esté, la même vicissitude de leurs qualités qui se conforment à l'affoiblissement, ou au renforcement de l'action des principes interieurs, qui agissent differemment, suivant les occurrences des causes & dispositions exterieures.

La nature diverse des corps qui font poussez au dehors & que l'on rencontre au dedans, marquent également les vicissitudes & les concurrences de ces deux qualités contraires dans la substance de la terre.

Les corps onctueux, huileux & sulfureux marquent la condensation qui se fait par le froid des exhalaisons & des fumées chaudes élevées des lieux profonds qui concourent à leur production.

Les sels & les autres corps salins ou fixes demontrent la chaleur interne par l'évaporation de toute l'humidité dans laquelle leur nature étoit diffuse, & par la contraction de tout ce qui s'y est rencontré de fixe ; & les corps participans de la nature du chaud & du froid comme le falpêtre & le fouffre mineral , demontrent un mélange & une alternation de ces deux qualités contraires.

La chaleur des eaux minerales , les feux & les fumées que l'on voit fortir des divers endroits de la terre , donnent de pareilles marques de la chaleur qu'elle enferme ; & la fraîcheur de quelques autres eaux minerales , ainfi que la confervation des neges & des glaces , pendant les plus grandes chaleurs de l'Efté fur les hauteurs des montagnes , & dans les concavités des plaines d'une mediocre profondeur , demontrent la froideur naturelle de la terre dans tous les endroits reculés de la chaleur interieure.

Ce naturel de la terre fait reffentir dans les tems & dans les pays les plus chauds , depuis l'endroit auquel finit la pénétration de l'activité du Soleil , un froid d'autant plus aigu & d'autant plus prolongé au dedans, que la chaleur interne eft à l'occafion de ces circonftances plus affoiblie par fon expanfion , & par fa diffipation au dehors.

* Ce froid eft peu à peu moderé & enfin furmonté & terminé dans la profondeur de la terre par une chaleur plus ou moins grande , fuivant que les corps de ces endroits font plus ou moins tant au deffus , qu'au deffous , difposés à la tranfpiration ou à la conftriction des exhalaifons , & fuivant que la chaleur eft refferrée & réü-

nie dans une plus grande ou dans une plus petite Sphere auprés ou autour de son principe.

Ces deux qualités contraires se combattans incessamment, prévalent alternativement l'une à l'autre dans les endroits de leurs concurrences, lesquelles se font plus proche ou plus loin de la superficie ou du centre du Globe terrestre, suivant les dispositions des tems & des lieux.

Suivant ces circonstances, ces qualités agissans differemment ou concurremment sur les corps humides, aqueux ou onctueux, denses ou rares, subtils ou grossiers, & solides, reglent le temperament des principales parties du dedans, & celui des écoulemens qui reposent ou qui s'élevent au dessus de la superficie de ce Globe.

Les observations de ce temperament de ces situations & de ces concurrences faites par tous ceux qui ont penetré plus avant dans les lieux soûterrains, seront cy-aprés exactement referées.

ARTICLE III.

Des signes de l'inégalité de la superficie du Globe terrestre.

LEs configurations, égalités & inégalités des superficies exterieures & celles des parties interieures & concavités du Globe terrestre, demontrent par leur gran-

G. Agricola, de ortu & causis subterr. lib. 3. pag. 36. & 37.

deur & par leur ftabilité , leur origine d'une caufe plus forte & plus conftante que celle de la participation de ces qualités contraires , qui ont feulement pû apporter à ces parties par leur rarefaction ou par leur condenfation quelques difpofitions à des mouvemens differens.

Ces configurations , égalités & inégalités fe voyent dans les plaines , dans les hauteurs prodigieufes dont les montagnes furpaffent les plaines , dans les abaiffemens des valons , dans l'étenduë & dans les profondeurs immenfes des concavités qui contiennent les mers , & dans celles des autres concavités obfervées dans l'interieur du Globe terreftre.

La nature uniforme de la gravité qui pouffe plus ou moins tous les corps graves & terreftres , au même centre , fuivant qu'ils ont plus ou moins de denfité ; & laquelle leur donne la force de faire remonter par la compreffion de leurs poids tous ceux qui en ont moins , fi leur continuité n'y apporte aucune refiftance , auroit difpofé tous les corps également folides à une fuperficie équidiftante du centre dans tout le circuit de fa circonference,& tous les autres corps d'une differente folidité dans une proximité & diftance du centre juftement proportionnée à leur rarité & à leur denfité , fi quelque caufe fuperieure ou inferieure n'avoit alteré fon action par un renforcement venant d'en haut , ou par un empêchement , refiftance ou contrarieté venant d'en bas.

Cette caufe de l'alteration de la gravité ne fe trouve pas dans la nature des élemens fuperieurs, qui eft de preffer également le Globe terreftre dans tous les endroits de leur contiguité, ni dans celle des fubftances celeftes, ou des diverfes parties de leurs cieux, defquels toutes les portions & tous les points des cercles qui compofent la circonference du Globe terreftre, fe trouvans en peu d'heures, ou en peu de mois, fous le même Aftre, ou fous toutes les parties d'un des cercles qui rempliffent la Sphere du Firmament, n'ont pû recevoir dans tous ces endroits que de pareilles impreffions.

Cette caufe de l'alteration de la gravité & de ces configurations irreguliéres du Globe terreftre, ne fe peut confequemment trouver que dans un principe interieur d'une nature contraire à celle de la gravité qui ait changé & perverti par fon action & par fon impulfion au côté opposé la proportion de celles de la gravité aux diverfes difpofitions des fujets.

Ces deux principes contraires fe trouvant en concurrence dans des endroits d'une difpofition, fituation & refiftance également ou plus ou moins convenables à l'un ou à l'autre, fe font dans les uns rencontrés d'une égale & dans d'autres d'une inégale force.

Les plaines marquent par leur égalité celle des forces des principes contraires, dans les lieux dont les difpofitions leur ont

été également convenables ; les montagnes
demontrent par leurs exhauſſemens la force
d'un principe qui pouſſe les corps du centre à la circonference , lequel a prévalu
ſous ces lieux à celle de la gravité.

Les endroits dans leſquels celle de la
gravité a prévalu aux impreſſions contraires,
ſe trouvent dans les valons , dans les abaiſſemens & dans les concavités des lits de
nos Fleuves & de nos Mers ; les concavités ſoûterraines ſont des effets des concurrences de ces deux principes contraires dans
leſquels les impreſſions de l'un ont pouſſé
les terres en haut , & les impulſions de
l'autre les ont enfoncées dans le bas ; &
toutes ces impreſſions de ces differens principes , dont l'un pouſſe tous les corps à la
circonference , & l'autre les porte tous au
centre , ont pû & peuvent recevoir de l'augmentation ou de la diminution dans leurs
forces & dans leurs effets par les impulſions conformes ou contraires de quelques
autres cauſes plus ou moins particulieres
& moins ordinaires.

Ces cauſes ſont les tremblemens ou changemens de ce Globe élementaire , de toutes leſquelles cauſes & principes , impreſſions & impulſions conformes & contraires,
la verité deviendra inconteſtable par leur
parfait rapport à toutes les obſervations &
à toutes les experiences referées au long
dans la ſuite de ce Traité.

ARTICLE IV.

*Des signes tirés de la nature des corps qui repo-
sent au dessus de ceux qui en découlent, &
de ceux qui sont répoussés ou élevés du dedans au dehors.*

LE fonds des matieres élevées en vapeurs par la rarefaction, provenant
des chaleurs soûterraines ou de celles du
Soleil resoluës subsequemment en pluyes,
ou congelées dans la moyenne region de
l'air en neges ou en grêles, qui sont ensuite fonduës par les chaleurs subsequentes;
seroit bien-tôt épuisé * dans les montagnes où leurs chûtes sont plus frequentes,
& où leurs écoulemens sont plus grands
qu'ailleurs, à cause de leurs pentes aux
lieux inferieurs, par lesquelles elles tombent dans les rivieres & entrent avec elle
dans les Mers : s'il n'étoit continuellement
reparé par d'autres matiéres que par celles
de quelques eaux arrêtées au dessus des chaleurs soûterraines des lieux bas, ausquels
elles ont pris leurs cours, ou par celles
des vapeurs élevées des Fontaines, des Lacs,
des Rivieres, ou des Mers.

* G. Agricola de natura eo-rum quæ effluunt ex terra l.2. p.124. de gravib. inna-tantib. super aquas, & p. 125. de insulis natantib, *Histoire de l'Academie Royale des Sciences de l'année 1703. sur l'origine des Fontaines I. Partie, p. 2. & 3. 60. & 61.* 2 *Partie, M. de la Hire ajou-*

te aux raisons & observations d'Agricola, & des autres Autheurs les experiences qu'il a faites, qui détruisent entierement l'opinion de ceux qui rapportent aux pluyes & aux fontes des neges, l'origine des Fontaines, des Rivieres & des Fleuves. Il a observé que les pluyes ne penetroient pas seulement
seize pouces en assez grande quantité pour former le plus petit amas d'eau sur
un fonds solide : encor faloit-il que la terre sur laquelle il faisoit son experience, fût entierement denuée d'herbes & de plantes, car dés qu'il y en avoit,

et qu'elles étoient un peu fortes, loin que la pluye qui tomboit fût suffisante pour se ramasser au delà de seize pouces de profondeur, elle ne l'étoit pas pour nourrir ces plantes, et il falloit encor les arroser de tems en tems.

L'observation faite avec exactitude confirmative de ce fait, est rapportée au long des p. 3. 4. et suv. la demonstration qui en est faite par l'exemple de ces eaux de Rungis auprés de Paris, dont la relation est amplement faite en cet endroit, desquelles observations la verité et les consequences sont encor confirmées par les relations des experiences du même Autheur des pages 60. 61. 62. 63. et 64. de la seconde partie du même tome de l'année 1703. et les autres opinions refutées par les inconveniens ausquels elles seroient sujettes, et les objections contre le sentiment de l'Autheur resoluës, et l'explication de son opinion dans laquelle il avoüe qu'il se rencontre des difficultés, et laquelle il ne propose consequemment pas comme generale, et commune, il avoüe neanmoins en la page 61. la penetration des eaux ramassées dans des lieux sablonneux, lesquels les laissent passer facilement, mais lorsqu'il dit que ce ne peut être que des eaux particulieres dont on ne peut tirer de consequence generale, il n'a pas fait reflexion sur les observations faites de la nature du fonds des mers, qui n'est presque par tout qu'un sable, dont on ne sçauroit trouver la profondeur, ni la fin, ni rien consequemment ailleurs, dont on puisse plus vrai-semblablement tirer de consequence plus generale de la penetration des eaux ramassées en une si immense quantité : il ne s'agit donc plus que de chercher la cause qui les reconduit jusques aux plus hautes eminences. L'aveu de Mr. de la Hire, de la penetrabilité des lieux sablonneux, tels que les fonds des Mers, convient à ce qui en est dit par Belher p. 60. Physicæ subterr. et par Vanhelmont, et à la consequence que cet Autheur en tire du passage necessaire des eaux au dessous des terres, et du fonds des mers pour delà être repoussées aux origines des sources. C'est au commencement de ses œuvres, Chap. de la Terre, p. 34. mare igitur in sui fundo in cribro sabuli virginis receptas sorbet aquas, ita nempè juxta Sapientem; ut omnes in mare fluant, nunquam tamen regurgitent, *D. Boyle* Relat. de fundo maris Arenoso sect. 1. p. 1. 2. 3. *Ledit Helmont, quelques lignes au dessus parle de ce sable en ces termes.* Hoc sabulum cribrum atque fundamentum naturæ est, per quod aquæ omnes transcolantur, *et ajoûte dans la suite,* quandiu aquæ in vivo vitalique terræ fundo oberrant, atque in sabulo detinentur, tandiu legib. hydraulicis parere non coguntur, non secus ac sanguis dum in venis vita fovetur, tandiu quoque supra, & infra crescit, &c. *Ce qui suit est du Globe terrestre, dont il sera parlé dans la suite.*

Cette consequence est évidente dans la situation de la chaleur soûterraine des montagnes, laquelle quoi qu'elle soit communément dans une égale distance de la superficie des terres, d'un plus foible degré que la chaleur soûterraine des plaines, est neanmoins plus exhaussée que celle de la chaleur soûterraine des lieux inferieurs, & plus même que la superficie des plaines, des valons, des lacs, des rivieres, & des mers.

Les vapeurs élevées de tous ces endroits ne parviennent rarement ou jamais fur les grandes hauteurs des montagnes, dont les vents originaires les écartent, & les vents marins qui ne font jamais prolongés au de là de quinze ou vingt lieües des mers ne peuvent porter leurs vapeurs qu'aux lieux inferieurs des montagnes d'une diftance mediocre.

La matiere des vapeurs refoluës en pluyes ou en neiges qui fe fondent fur les montagnes, & qui s'écoulent enfuite jufques dans les mers, ne peut être reparée par aucun retour des mêmes vapeurs, ni par celle des vapeurs des plaines ou des valons, des rivieres ou des mers, qui font écartées ailleurs par les vents, ni par d'autres élevées du deffous au deffus de la region de la chaleur foûterraine, par laquelle elles feroient plûtôt repercutées aux lieux inferieurs qu'élevées aux fuperieurs.

Il faut donc neceffairement que le fonds des matieres neceffaires pour fournir aux vapeurs, aux pluyes & aux neges des montagnes, foit élevé dans fa denfité naturelle au deffus de la region de la chaleur foûterraine, ou jufques aux endroits aufquels pénétre l'activité du Soleil, par l'impreffion d'une faculté qui pouffe les corps du centre à la circonference, & qui agiffe plus fortement fur cette matiere, dans ces endroits, que n'agit ailleurs celle de la gravité, ni celle de la repercuffion de la chaleur foûterraine, qui les pouſſent de la circonference au centre.

ARTICLE V.

*Des ſignes tirés du poids & de la forme ou ma-
niere des mouvemens des corps graves tombans ou pouſſés des hauteurs ſur les ſuperficies,
ou au deſſous des ſuperficies.*

CEtte impulſion contraire à celle de la gravité, eſt d'autant plus forte & plus ſenſible dans les lieux profonds, qu'elle eſt plus proche du centre, & que l'air ſuperieur ou ſubſtance étherée dont il eſt rempli, a moins de liberté d'y penetrer.

Les obſervations referées dans la ſuite tirées des Officiers, des Ouvriers & des Curieux, qui ſont deſcendus dans le fond des mines, nous convainquent de cette verité par l'experience, qu'ils ſont du poids des corps ſolides beaucoup moins ſenſibles lorſqu'ils les portent & les remuent dans le fonds des plus profondes mines, qu'il ne l'eſt au dehors ſur la ſuperficie du terrain.

Quoy que l'air rarefié par la chaleur que l'on y trouve beaucoup plus grande qu'aux lieux ſuperieurs, y dût faire moins de reſiſtance aux impreſſions de la gravité.

Le même principe de cette impreſſion contraire à celle de la gravité, concourt à la diminution du mouvement des corps peſans jettés & pouſſés en bas avec violence,

Franciſcus Baco, art. 33. Sylvæ Sylvarum, *dont le texte eſt cy après referé, & ce qu'en ont écrit* Guill. Gilbert. M. de Monteonis Mathieu Untzer, & Ath Kircher, *aux lieux citez en la page ſuivante.*

du haut d'une tour, ou d'une montagne escarpée.

La viteſſe de ces corps eſt inſenſiblement ralentie juſques à ce que ſa proportion aux impreſſions de l'impetuoſité & de la gravité ſoit égale à celles que la viteſſe retranchée, a tant avec la reſiſtance que le milieu fait à la diviſion, qu'avec la reſiſtance de l'impreſſion contraire à la gravité & à l'impetuoſité.

ARTICLE VI.

Des ſignes tirés du changement du poids des corps, ſuivant qu'ils ſont plus prés ou plus loin du Centre.

LEs convenances des qualités des Atmotſpheres, qui procedent du centre plus grandes, & les degrés des forces de leurs impreſſions plus proportionnés en certains endroits aux Atmotſpheres des corps d'un certaine denſité, font que ces corps tombans dans un puits, ſont d'autant moins endommagés, & que l'on trouve à ceux qui y ſont peſez, d'autant moins de peſanteur que ces puits ſont plus profonds. *

* Neque graviora velociùs moventur cétro terræ appropinquantia, ſed circunferentia tantum, tardiuſque ſemper cadunt corpora à ſuperficie, donec ad centrum pervenerint ; nam in profundiſſimis puteis gravia tardiori impetu majorique tempore à ſupremà margine ad ipſa fundamenta decidunt, quàm pari intervallo ab aëris ſupremo loco ad terræ ſuperficiem, ob eamque cauſam minus viſi ſunt periclitari qui ad triceſimam venam in puteum ſiccum delapſi ſunt, quàm qui ſupra terram ad primam. Hæc & multa exempla & experimenta refert ad hoc Guillermus Gilbertus lib. 10. Phiſiologico nom. cap. 21. *Iournal des voyges de Motonis en ſon voyage d'Angleterre* pages 26 & 27. *Duhamel*, lib. 2 de corporum affectionib. c. 10. p. 532. & Fr. Baco in ſilva ſilvarum centur. 1. n.33 experimentum ſpectamus dimi-

nutionem naturalis motus gravitatis in magna diftantia, & quadam terræ profunditate, conftans multorum affertio eft obvio firmata experi-
mento, poffe in fundo cuniculi maffam metalli crudi moveri, & provol-
vi opera duorum, quæ tranflata in terræ fuperficie, junctas ad mini-
mum fex hominum vires requirat ut loco dimoveatur fuo.

*Mr. de Montconis en fon voyage d'Angleterre, pag. 26. & 27. experience
faite en l'Academie de Greßin; les corps qu'on pefoit en l'air ayant été pesés
dans un puits tres-profond, s'étoient trouvés moins pefans d'une feizième qu'ils
n'avoient fait en haut* M. Untzerus de fale cap. 8. Sal foffile in fubterraneis
locis longé lenius eft, quàm extractum in aëre, adeo ut ingentes illius
maffæ, quæ nullo cum labore hincinde pro arbitrio in fpecub. propelluntur,
quæ ftatim atque fimul aërem fentire incipiunt, in extrahendo gravio-
res redduntur. Kircher. tom. 1. lib. 6. fect. 4. Sal ammoniacus intra fuos
fpecus leviffimus exiftit, in luce verò prolatus graviffimus eft, *pergit D. Guiller.
dicto loco*: Novimus plures, quorum alii fimul cum equis illæfi equitari,
alii pedites tamquam ad inferos delapfi vivi, tamen & falvi educti funt,
neque fuftineri illos ab aëre craffiori vel compreffo hoc tantum accidere
poteft, nam & plumbeas fæpè glandes, qui facile aërem quemvis perme-
antè, manu demiffos tardius etiam ad fundum penetrare obfervavimus.

C'eft par la même raifon que les Plongeurs qui cherchent les perles & les pertes
des naufrages dans le fond des Mers, trouvent d'autant plus de difficulté d'y parvenir
qu'ils defcendent plus bas.

Nonobftant que les corps de ces Plongeurs foient appefantis par le plus grand
poids des eaux fuperieures, par lequel tout
l'air de leur poitrine avec toutes leurs hu-
meurs eft comprimé & agravé.

Ils font obligés de fe charger de quelques corps folides & pefans, dont l'atmotfphere foit dans ces endroits plus conforme en viteffe, force & maniere de mouvement, à celui du principe fuperieur qui
caufe la gravité, que ne l'eft en ces mêmes
endroits l'Atmotfphere des corps moins folides & plus rares au principe qui vient des
lieux inferieurs.

Cet effet ne peut pas être attribué à une
denfité des eaux plus grande au fonds qu'au

deſſus, puiſqu'au contraire y étant ordinairement plus douces & moins ſalées qu'ailleurs, elles y ſont conſequemment plus rares & moins peſantes.

Les relations de pluſieurs Obſervateurs nous font même connoître que les forces de cette même faculté qui porte les corps de bas en haut, inſuffiſantes pour élever les pierres & les métaux au deſſus du fond des Mers, ſuffiſent neanmoins pour élever juſques à leur ſuperficie, les eaux les plus ſalées pour les y retenir, quoi qu'elles ſoient plus peſantes que toutes les autres eaux, par le moyen des ſalures qu'elles ont contractées.

Cet effet ne peut être referé à la chaleur du Soleil plus grande au deſſus qu'au deſſous des eaux, parceque les Mers Septentrionales ſont, ſuivant toutes les obſervations, autant & plus ſalées que les Meridionales. *

Ces differences de poids ſuivant leſquelles les impreſſions de ces facultés contraires, prévalent les unes aux autres dans ces differentes circonſtances, nous demontrent que celle qui vient du centre prévaut ſur les corps à celle qui vient d'en haut, juſques au point auquel l'Atmotſphere dans lequel elle reſide, a retenu depuis ſon progrés du centre des degrés de force ou de qualités, capables de regir l'Atmotſphere de ces corps.

Juſques à ce point les mouvemens & les qualités des Atmotſpheres des corps affec-

* *Morisotius* in orbe maritimo lib. 2. c.43. pag. 674. *Fabri* panchimicum, p.442:

tez par cette faculté conviennent à ſes impreſſions par des proportions plus prochaines ou plus étroites qu'ils ne peuvent
convenir avec les impreſſions de la faculté
motrice qui vient d'en haut.

Par le moyen de ces proportions plus
prochaines & plus étroites , les Atmoſ-
ſpheres de ces corps contractent & gardent
plus d'union avec l'Atmotſphere de cette
faculté motrice centrale , qu'avec celui de
la faculté motrice qui procede des lieux
ſuperieurs.

Les convenances requiſes des proportions de la mobilité du mobile aux impreſſions du moteur , ſe reconnoiſſent dans les
impulſions faites à un corps rare , & leger
comme la plume du ventre d'une Oye ou
d'un Canard.

Ces corps à l'Atmotſphere deſquels celui
de l'air qui les environne eſt plus adherant,
& plus uni qu'il ne l'eſt à celui des corps
plus ſolides , ſont facilement mus d'un
mouvement lent & foible , & reſiſtent ab-
ſolument au mouvement vîte & violent ,
procedant de quelque forte impreſſion.

C'eſt par de telles raiſons & par de pareilles convenances que pluſieurs globules
differens en denſité , & en poids mis dans
une cuvette pleine d'une eau qui circule,
ſe joignent, & s'attachent enfin enſemble ,
ou ſe ſeparent les uns des autres ſuivant
l'égalité , les proportions ou l'inégalité de
leur ſolidité & de leur peſanteur.

On reconnoît les mêmes effets des proportions

portions & des difproportions des impreffions & des mouvemens dans une affez
grande riviere, dont les eaux meües lentement, entrent dans un grand fleuve ;
ainfi qu'il fe fait à Lyon à l'entrée de la
Saone dans le Rhône.

Les eaux de cette riviere coulent lentement dans le lit du Rhône l'efpace d'un
quart de lieue unies enfemble avant que de
pouvoir fe mêler avec celles du Rhône.

La diminution du poids de l'air élevé
fur la fuperficie du Globe terreftre, lorfque
les matieres vaporeufes pouffées en haut
alterent fes difpofitions, demontrent comme les precedentes obfervations, l'effet des
proportions de ces matieres & de celles de
cet élement devenuës plus prochaines de
celles des impreffions de la faculté motrice inferieure, & plus éloignées de celles
de la faculté motrice fuperieure, qu'elles ne
l'étoient auparavant ; par ce changement la
faculté motrice inferieure prevaut mieux
qu'auparavant à la fuperieure.

La pierre d'Aiman pourvûë ainfi que la
terre dans chacun de fes Poles de deux facultés motrices oppofées, l'une attractive,
ou impulfive, & l'autre expulfive ; & laquelle par cette raifon eft eftimée un petit
Globe terreftre * par ceux qui ont traitté
de fa nature, nous fournit deux experiences fingulieres confirmatives des proportions requifes entre les moteurs & les mobiles, & de la converfion des mouvemens

* Il fera de-
montré en fon
lieu, que cette
comparaifon de
la pierre d'Ai-
man au Globe
terreftre, re-

des mobiles par le changement de ces proportions.

Une de ces experiences eſt rapportée par divers Autheurs dans leurs Arts ou Philo-ſophies magnetiques ; ſçavoir par Gilbert lib. 2. c. 4. par Cabes lib. 4. c. 17. & par Kircher lib. 1. part. 2. Paradox. 3. theoreme 27.

Cette experience conſiſte en ce que met-tant un petit fer aimanté entre deux aimans ou entre deux corps magnetiques ſeparés par un mediocre intervale , dont l'un ſur-paſſe de beaucoup l'autre en groſſeur & en force , ce petit fer eſt pouſſé du Pole pro-chain du plus grand & plus fort Aiman au Pole prochain du moins grand & moins fort.

Ces divers Autheurs donnent des diffe-rentes raiſons de cet effet , mais l'obſerva-tion jointe à cette experience de la diſpoſi-tion & arrangement de la limure d'acier ſur un carton poſé au deſſus de ces Aimans en découvre la veritable cauſe.

Cette cauſe conſiſte en ce que les éma-nations magnetiques du plus fort Aiman qui viennent (lorſqu'il ne ſe rencontre au-cun autre Aiman dans leur Sphere d'acti-vité) par la circulation de celles du Pole opposé à celui auquel le petit fer eſt con-tigu , dans celui auquel ce petit fer eſt at-taché , r'entrans dans l'Aiman par ce Pole y pouſſent conſequemment ce petit fer.

Mais lorſque l'on met un petit Aiman dans la Sphere d'activité du plus grand &

du plus fort, les émanations du plus fort qui rentroient par le Pole, auquel le petit fer étoit adherant, ne r'entrant plus immediatement par le même Pole, mais s'écartant plus loin pour embraſſer dans leur circuit le petit Aiman, ceſſent conſequemment de pouſſer le petit fer qui eſt entre deux au Pole auquel il étoit attaché.

Au moyen de la diverſion de ces émanations, celles que leur ſortie de ce même Pole rend expulſives, prévalans à celles qui y entroient, pouſſent ce petit fer vers le petit Aiman.

* C'eſt de la même manière que les exhalaiſons ou vapeurs qui montent en l'air dans les tems venteux ou pluvieux, prévalans davantage que dans les tems ſereins aux émanations des principes de la gravité, pouſſans plus fortement l'air au côté des regions ſuperieures, en diminuent le poids & la preſſion qu'il faiſoit ſur les regions inferieures.

C'eſt par une pareille raiſon que les exhalaiſons & les vapeurs qui s'élevent du fond des mers à ſa ſuperficie, fortifiant juſqu'à un certain point les émanations de la faculté motrice centrale, & les faiſans prévaloir dans les eaux à celles des principes de la gravité, y élevent au plus haut les eaux les plus ſalées, dont la denſité les rend plus ſuſceptibles de leurs émanations, & dont le poids rend leur mobilité plus proportionnée à leurs impreſſions.

Mais ſi au lieu de ce petit fer, on met

entre ces deux aimans un autre fer plus capable par ſa groſſeur & par ſon poids, d'arrêter & de recueillir les émanations qui ſortent de l'autre Pole, & qui les empêche ainſi de s'écarter pour enveloper le petit Aiman. Ce fer ou acier plus gros & plus peſant ne ſe ſeparera point alors du Pole du gros Aiman, & il y demeurera toûjours adherant.

Les Plongeurs qui deſcendent au fond des mers les plus profondes, ſe trouvent de même que ces fers entre deux facultés motrices contraires ; lorſque le poids de leur corps ſe trouve auprés du fond proportionné aux impreſſions qui viennent du côté du centre.

Alors étant pouſſés en haut par ces impreſſions ils ne peuvent pas deſcendre plus bas : mais ſi cette proportion eſt ôtée par le moyen d'un plus grand poids du fer ou du plomb dont ils ſe chargent, dont la denſité eſt plus capable de recevoir & de recueillir les impreſſions des principes de la gravité, ils peuvent alors deſcendre juſques au fonds.

L'autre experience confirmative des proportions requiſes entre la force des moteurs & la mobilité des mobiles eſt rapportée dans le recueil fait par Monſieur Puget, de ſes experiences magnetiques, & dans l'explication de ſa machine en ces termes.

L'Aiman treiziéme mis ſur l'eau dans une petite gondole, l'un de ſes Poles tourné en haut, s'éloigne & s'enfuit comme fait tout autre Aiman , lorſqu'on approche de ce Pole , le Pole de même nom d'une ſemblable pierre ; mais ſi on l'en approche fort prés au lieu de fuïr comme il faiſoit, il la ſuivra , pourveu qu'elle ſoit forte. Si on éloigne un peu davantage cette derniere , l'autre commence à fuïr comme la premiere fois , tellement que par un effet aſſez ſurprenant , un ſeul & même Pole de l'Aiman qui flote, pourſuit ou fuit le même Pole d'un autre Aiman qu'on lui preſente , ſelon qu'on l'en approche plus ou moins.

Cet effet ne ſçauroit être attribué qu'aux diverſes proportions des impreſſions des deux differentes facultés motrices de l'Aiman ſuperieur qui eſt le moteur , dont l'une eſt impulſive , & l'autre expulſive , aux diſpoſitions de l'Aiman inferieur qui eſt le mobile.

Ces impreſſions de ces deux facultés contraires, prévalent alternativement l'une à l'autre par le moyen des changemens que les differentes ſituations & diſpoſitions de ces Aimans , mettent entre les impreſſions de l'un & la ſuſceptibilité ou mobilité de l'autre.

Mais cette vertu qui diminuë plus ou moins la gravité de l'air comme celle des autres corps ſuivant la plus ou moins grande convenance des Atmotſpheres , & ſuivant la plus ou moins grande hauteur ou profondeur des lieux , ne la lui ôte pas entierement.

C iij

* Quoique le corps de l'air plus grossier dans les lieux profonds soit en cette situation reduit par cette vertu motrice inferieure à une moindre gravité que celle qu'il auroit, s'il étoit dans un lieu plus élevé ; neanmoins celle qui lui reste depuis l'entrée ou ouverture du terrein jusques au fond de la concavité où il se rencontre, jointe à celle de la colonne d'air qui est au dessus, doit faire plus d'impression sur la liqueur d'un barometre, que si on l'avoit laissée dans la plaine, ou porté sur la hauteur d'une montagne, sur lesquelles les gravités de ces deux differentes parties ne concourroient pas à un même effet.

Ces reflexions levent tous les doutes qui pourroient naître des observations de plusieurs personnes sur les niveaux, & les mouvemens de la liqueur du Barometre differens suivant les diverses hauteurs des lieux.

Les observations de l'augmentation des effets de cette faculté qui pousse tous les corps du centre à la circonference, suivant qu'elle est plus proche du centre où elle a son principe, donnent les moyens de juger sainement de la grandeur de ceux qu'elle produit dans les lieux jusques ausquels les hommes n'ont jamais pû descendre par la proportion qu'ils doivent avoir dans leur augmentation à celle de la force de leur cause.

Par les proportions des effets aux forces de leurs causes, il est aisé de tirer de la proportion des concavités découvertes par nos sens, dont la cause a été montrée dans cette puissance centrale, la consequence de l'immensité de celle où l'on n'a jamais penetré.

* L'étenduë & la profondeur de plusieurs concavités découvertes par les hommes étant si grandes que l'on n'a jamais sçû trouver les bornes qui les terminent ; il est d'une consequence incontestable que les concavités inferieures à celles-là font d'une étenduë & d'une profondeur encor beaucoup plus grandes, & qu'enfin il y en doit avoir dans la plus grande profondeur de la terre, qui est d'environ quatre mille lieuës jusqu'à son centre, une qui surpasse toutes les autres, laquelle regne tout autour du centre.

* Ælian.lib.6. cap.16. Feneca lib. 3. Natur. cap. 16. Gasp. Sehor.in Anatomia hydrostatica lib.c.5. & 6. Kircher in mundo sub. terr.tom.1.l.2. cap.19. Joan.Herbinii dissertationes de cataractis, cap.8.& 9. Simon Majol. dies caniculares,colloq. 15. de antris & hiatib.& Baccius de thermis,lib.10. cap.2. & alii. Georg. Agricola de causis subterraneorum. lib.1.p.27.30. & 39 p.40. & de natura eorum quæ effluuntur,lib. 40.pag.152.

Idem. Gaspard Sehor. secundùm Platonem eod.lib.c.6.Herbin.& Majol. loc. citatis & alii.

Idem. Georg. Agricola natura eorum quæ effluunt ex terra. pag.432 449. 450.

ARTICLE VII.

Des signes tirés des mouvemens extraordinaires, sçavoir, des tremblemens de terre.

LEs tremblemens de terre que les Historiens des divers tems & les relations des divers lieux nous apprennent ; l'étenduë & les longs cours des matieres qui

Georg. Agricola de causis subterr. lib. 2. pag.28. Thomæ Ittigii lucubrationes de montium incendiis, sect. 4. cap. 10. de terræ motu §. 14. Baccius lib 4. de Thermis, cap 5.

Vincent. Cæsaris Crucii Vesuvius ardens, lib. 1. c. 13. de meteoris & terræ motu.

Item. Conrad. Lycosten. de prodigiis & ostentis, & alii ; Dydimus in catena super

ont causé les tremblemens que l'on a souffert en même tems depuis l'une des extrémités des grandes mers, au delà de l'extrémité opposée, dont suivant les histoires des tems & les relations des lieux, aucune Contrée ni aucune des parties de la circonference de la terre n'a été exempte, & qui ont été quelques fois en même tems ébranlées, sont autant de preuves convaincantes de ces diverses concavités soûterraines & des demonstrations de cette concavité generale & universelle.

Job. cap. 9. de iis, inquit, qui ante vel post Christum extiterunt partem quamdam terræ occupaverunt, mei autem Christi tempore non privatus fuit aliquis terræ motus sed tota ipsa terra conquassata & centro convulsa. Credibile igitur videtur hujus motus principium in ipso exstitisse inferno. *Et plusieurs autres Autheurs celebres cy apres citès.*

C'est dans ce grand vuide que reside le principe de cette faculté motrice qui procede du centre, laquelle repousse à la circonference tout ce que la gravité pousse au centre, de laquelle concurrence & balancement de force & impulsions contraires naissent la proportion & l'équilibre qui maintiennent, soûriennent & suspendent toutes les parties de la convexité exterieure de ce Monde Sublunaire dans leur situation ordinaire.

** Les causes accidentelles de l'alteration de cet équilibre, consistent dans l'interruption*

C'est de l'alteration de cet équilibre plus ou moins grande par des causes accidentelles * plus ou moins fortes, que naissent ces divers tremblemens de terre, par aucuns desquels des regions entieres ont été souvent ébranlées, des Provinces couvertes de Lacs, des grands pays submergés par des déluges, des grandes plaines élevées en hautes montagnes, & des montagnes enfoncées en de profonds valons. Et c'est par le grand nombre de pareils accidens arrivés dans la succession des divers siecles, que toutes les parties de ce Globe terrestre ont souffert plusieurs alterations & divers changemens, suivant les témoignages d'une infinité d'Autheurs rapportés à la fin de ce Traité.

de l'ordre, de la situation, proportion, & mouvemens naturels des élemens, pour le recouvrement desquels défauts les tremblemẽs & tous les accidens qui les accompagnent se font & durent jusques à ce qu'ils soient separès.

Licetus, in hydrologia, pag. 101. 102. 103. de fluitantib. terris terras absorptas, insulas scandentes, novos fontes, navis inventa sub terra, &c. usque ad, pag. 105. Julii Solini polihistor. cap. 44. *Voyages des Indes de Mandeslo, pag. 5.8. Suitte des Memoires de Mr. Bernier, pag.* 123 3. pars Indiæ orientalis impressa apud Theodorum Debri, cap. 6. & seq. Plinius, lib. 2. cap. 79. 80. 81. Baccius de Thermis, plurimis locis. G. Agricola de causis & ortu subterraneorum, lib. 2. pag. 30. Kircher. in mundo subterraneor. &c. *La lettre de l'Autheur de ce Traité sur les nouvelles decouvertes de la situation de tous les élemens, pag. 36. imprimée en* 1702, *à Paris chez Thomas Moette, & l'Histoire de l'Academie Royale des Sciences de l'année* 1704. *imprimée à Paris chez Iean Boudot, pag. 8. 9. &* 10. *où l'on trouve la relation des tremblemens de terre, qui durerent en Italie depuis le mois d'Octobre* 1702. *jusqu'au mois de Iuillet* 1703 *le rapport des relations de tous ces Autheurs, sur les diverses matieres expulsées par les grandes ouvertures des terres qui se font des tems de ces tremblemens, confirme demonstrativement l'ordre de la situation des matieres élementaires dans le Globe terrestre par celui de leurs sorties, les superieures plus terrestres étant les premieres expulsées, & ensuite les eaux inferieures, lesquelles extrusions ne sçauroient proceder que des impulsions d'un agent violent inferieur aux unes, & aux autres de ces matieres, tel qu'est le feu qui les accompagne par ses flâmes & par ses fumées.*

La superficie interieure de cette concavité generale reçoit plus ou moins d'impression de cette faculté motrice qui provient du centre; suivant les diverses dispositions des matieres dont elle est composée; & suivant la plus ou moins grande compression des parties superieures qui sont entre elle & la superficie exterieure du

Globe ; & cette même faculté motrice répoulſe plus ou moins les matieres enfoncées dans les concavitez particulieres & dans la concavité generale, ſuivant la plus ou moins grande reſiſtançe qu'elles font par leur diſpoſition ou par les impreſſions contraires qu'elles reçoivent.

Ces impreſſions leur font communiquées par les parties ſuperieures qui s'étendent depuis la ſuperficie du Globe élementaire juſques à la ſuperficie exterieure du Globe terreſtre, où elles font pouſſées par leur gravité.

La commune proprieté de la gravité & de l'impetuoſité de faire ou de pouvoir faire ſur les corps des impreſſions plus ou moins fortes, ſuivant & à proportion de leur ſolidité & de leur groſſeur , fait voir la convenance de leur nature.

L'une & l'autre de ces facultez font du même genre que les autres qualitez, telles que la lumiere & la chaleur , leurs forces font pareillement limitées , elles s'affoibliſſent & ſe conſomment plus ou moins, & font prolongées à une plus ou moins grande diſtance ſuivant la plus ou moins convenable diſpoſition & la plus ou moins grande reſiſtance des milieux de leurs progrez , comme auſſi ſuivant la plus ou moins forte compaction & autres diſpoſitions des ſujets & ſuivant que les voyes par leſquelles elles paſſent juſques à eux , font plus ou moins libres ou plus ou moins droites , ou obliques , élargies ou reſſerrées.

C'eſt par des pareilles cauſes que les maſſes de ces mineraux peſent beaucoup plus à l'inſtant qu'on les aporte hors de leurs Mines, qu'elles ne peſent dans leurs fonds, même dans les lieux les plus ſecs dont elles n'ont pû contracter aucune humidité ni conſequemment aucun poids.

Le retranchement de la vertu de l'aiman qui eſt une petite terre par l'interpoſition du fer fournit un exemple ſpecieux confirmatif de ces veritez.

De ces differences & deux oppoſitions des circonſtances d'impreſſions & de reſiſtances, naiſſent dans les ſuperficies interieures de ces concavitez, des inegalitez & enfoncemens du côté de la circonference interieure du Globe, & en élevations du côté du centre pareilles à celles des hauteurs, élevations & dépreſſions de la ſuperficie exterieure.

Ces enfoncemens ſont d'autant plus grands que la force d'impreſſion qui vient du bas prevaut à celle qui vient du haut, & les rehauſſemens ſont d'autant plus aprochants du centre que l'impreſſion qui vient du haut prevaut à celle qui vient d'en bas.

Puiſque les mêmes effets de la force dont la faculté motrice qui vient du centre prevaut à celles de la circonference, ſe rencontrent dans les montagnes de l'exterieur & dans les enfoncemens de l'interieur du Globe, les plus grands enfoncemens ſe doivent rencontrer ſous les plus hautes montagnes.

Kircher in mundo ſubterr. tom. 1. lib. 6. ſect. 4. pag. 324. Mathiæ Untzeri Phiſiologia ſalis, cap. 80. pag. 30 Bacon & Gilbert locis citatis.

L'égalité de fuperficie des plaines venant
du balancement & égalité des impreſſions
contraires, demontre la même égalité dans
la ſuperficie de la concavité interieure ſup-
poſée aux plaines exterieures.

Et les efforts par leſquels la faculté motrice qui vient de la circonference a abaiſſé
les valons étant les cauſes des accez de la
ſuperficie de la concavité interieure au côté
du centre, marquent les endroits & les proportions de ces accez.

ARTICLE VIII.

*Des ſignes tirés des corps qui entrent ou qui
demeurent au dedans du Globe terreſtre.*

Georg. Agri-
cóla de natu-
ra eorum quæ
effluunt ex
terra, plurimis
locis, lib 1. 2.
3. & 4.

CEtte faculté qui repouſſe les corps du
centre à la circonference exerçant ſon
action ſur eux en la même manière & en la
même proportion que la gravité qui les porte de la circonference au centre, les ré-
pouſſe de même dans les Regions du Globe, dans leſquelles elle domine, & les écarte
d'autant plus du centre où eſt ſon principe
qu'ils luy font plus de reſiſtance par leur
denſité & par leur ſolidité.

Il s'enſuit que dans la diverſité des élemens ou des autres corps qui rempliſſent
les grands vuides de ces concavités, dans
leſquelles cette faculté domine, tout ce
qu'il y a de plus peſant, comme la terre
& autres corps ſolides, eſt le plus pouſſé en

haut au côté de la circonference interieure, l'eau enfuite eft plus pouffée au même
côté que l'air, & l'air plus que le feu.

Par cette proportion des forces de l'impulfion à celles de la refiftance ; l'ordre de
la fituation des élemens eft renversé dans
cette plus profonde concavité ; en forte
que le plus leger occupe le plus proche
lieu du centre, & le plus denfe ou plus
folide en remplit les lieux les plus éloignés.

C'eft ce que nous ont enfeigné Platon
& Pytagore & autres Autheurs du même
poids, * dont les termes feront cy-aprés
referés, & comme nous l'apprennent les
Textes formels de l'Ecriture Pfal.135. qui
portent expreffement que Dieu a affermi
la terre fur les eaux, que tout le Globe de
la terre a été fondé & conftruit fur les mers
& fur les fleuves foûterrains, & qu'il a
fufpendu par fa parole la terre fur les eaux.

* Plato fub finem, lib.29. cui titulus Phædo vel de anima, ubi de tartaro five barathro unus (inquit) ex terræ hyatib. eft profecto quàm maximus perque universam terram trajectus & patens, &c.

Georgius Agricola, de ortu & caufis fubterr. lib.2. pag.26. & 27. terra plena aquarum ut Seneca, Thales, Plutarch, Democrit. ex Senec. amnis aliquis fub terr. aut mare reconditum.

Pfalm.135. qui firmavit terram fuper aquas.

Et Pfalm.23. domini eft terra & plenitudo ejus, orbis terrarum quia ip-fe fuper materia fundavit eum, & fuper flumina præparavit eum.

Efdras 4 cap.16. qui fufpendit terram fuper aquas verbo fuo.

Georgius Agricola lib.3. de ortu & caufis fubterraneorum, p.37. ca-vernæ quibus maria fuftinentur, & de natura eorum quæ effluunt ex terra, lib.2. de gravib. innatantibus fuper aquas & infulis natantib. pag.124.125. & lib.4. p 152. & 153. caverna per quam mare curfu magno, fonituque fertur. Homerus (ut Plato refert, fub finem 29.in hunc hya-tum) feu tartarum omnia confluunt flumina atque inde rurfus effluunt, idemque facit aër, & fpiritus. Quib. verbis Homerus & Plato, Salomonis documenta fequuti funt, dicentis Ecclefiaftis, c. 1.luftrans univerfa, in circuitu pergit fpiritus & in circulos fuos revertitur, omnia flumina intrant in mare, & mare non redundat, ad locum unde exeunt flumina re-vertuntur ut iterum fluant.

Plato dicto loco:Hæc autem omnia furfum deorfumque ferri veluti vafe penfili quod in terra pofito, atque librato ut utrimque viciffim inclinet

atque attollat. Hiſtoire de l'Academie Royale des Sciences, de l'année 1703:
2. Partie des p. 292. 293. 294. & 295. où ſont rapportées pluſieurs obſervations
des differentes longueurs des Pendules, dans les differens pays, ſuivant les plus
grands ou moindres éloignemens de la ligne Equinoxiale. par leſquelles obſerva-
tions il s'agit de demontrer ſi les corps tombent plus lentement ſous l'Equinoxial
que par tout ailleurs ; & s'ils tombent plus vite à proportion qu'on s'approche
plus des Poles ; ainſi que le pretendent Meßieurs Mariotte & Huguenes ; dont
la cauſe eſt demontrée & referée dans la lettre de cet Autheur, ſur la ſitua-
tion de tous les élemens, imprimée en 1702. à la plus grande expanſion de la
chaleur qui procede du centre, dans les païs Meridionaux, par laquelle les
impreßions de la faculté motrice qui procede du centre, ſont plus renforcées que
dans les endroits ou climats Septentrionaux, ce qui paroit confirmé par l'hiſtoi-
re de l'année 1700. de la même Academie p. 114 & 115 où pluſieurs pareilles
obſervations des differentes longueurs des pendules, ſuivant la diverſité des cli-
mats ſont rapportées, & où il eſt conclu qu'un même poids tombe plus lente-
ment vers l'équateur, & que ſa peſenteur y eſt moindre, ce qui eſt fort impor-
tant pour le ſyſtème de la peſanteur, & n'eût pas été deviné par raiſonnement,
& ſubſequemment, p. 116. l'inégalité de la pendule ſera la même que celle de
l'action de la force centrale de la matiere étherée : dont ce qui eſt dit paroit la
même choſe (quoiqu'en d'autres termes) que ce qui eſt affirmé dans la lettre cy-
devant mentionnée, de la ſituation des élemens ; de la faculté motrice centrale,
& du feu central ; dont l'ancien manuſcrit de l'Autheur fut imprimé une an-
née avant cette Hiſtoire de l'année 1700,

Ces autorités & autres rapportées dans la continuation de ce Traitté, ne peuvent être vrai-ſemblablement tournées en aucun autre ſens qu'à celui dans lequel tombe ce ſyſtême.

Les corps les plus peſans étans pouſſés par ces deux facultés contraires aux côtés oppoſés, ſe rencontrent dans les endroits dans leſquels elles concourent d'une égale force.

Ces endroits dans leſquels leurs forces ſont également balancées, ne ſont pas d'une égale hauteur, ni d'une égale profondeur ; parce que ſelon que la vertu de l'une ou de l'autre de ces facultés eſt renforcée par la réünion ou reſtriction de ſes forces dans un lieu plus ſerré, ou qu'elle eſt affoiblie par leur extention ou par leur épanchemens dans des lieux plus vaftes avec le concours de quelques autres circonftances obfervées dans la fuite , elles étendent & pouffent leurs actions plus ou moins loin , & prévalent l'une à l'autre dans une plus ou moins grande diftance de leur principe.

C'eft par ces circonftances & par ces moyens que la faculté qui pouffe les corps d'haut en bas , les peut faire defcendre jufques aux plus profondes concavités , & que celle qui les pouffe de bas en haut les peut faire monter jufqu'au fommet des plus hautes montagnes, comme il eft montré plus amplement dans le Chapitre fuivant , dans lequel il eft traité des fignes de la difpofition , fituation & mouvement de toutes les eaux.

CHAPITRE III.

Des fignes de la conftitution interieure du Globe terreftre tirés des accidens des eaux.

LEs fignes de la conftitution, difpofitions & mouvemens des eaux foûterraines qui font partie du Globe élementaire paroiffent dans les mers , dans les lacs & dans les fources des fontaines & des fleuves,

Ces signes dans les mers consistent.

I, Dans leur temperature jusqu'à la profondeur de leur fond, & dans les qualités de leur substance.

I I. Dans l'égalité ou l'inégalité du niveau qu'elles gardent dans leur superficie & dans celle de leur lit ou de leur fond.

I I I. Dans les differences du poid de leurs parties, suivant leurs differentes situations.

I V. Dans la diversité de leurs mouvemens ordinaires.

V. Dans leurs mouvemens extraordinaires, & dans toutes circonstances de ces mouvemens.

V I. Dans les gouffres par lesquels des eaux immenses entrent au dedans, & sortent au dehors des lieux soûterrains ; & dans leurs principes & dans ceux des autres mouvemens des mers.

V I I. Dans les flux & reflux des mers dans leur origine, & dans celle des sources.

A R T I C L E I.

Des signes tirés des mers.

LEs qualités élementaires de la superficie des mers sont ordinairement comme celles des terres conformes à celles de la superficie de l'air contigu ; & celles de
leur

leur profondeur font conformes à celles des exhalaifons qui les penetrent ou à celles des terres inferieures.

Les Plongeurs qui décendent au fonds des mers pour la recherche des perles ou des débris des nauffrages, y trouvent au fort des chaleurs d'autant plus de froideur qu'ils parviennent à une plus grande profondeur, excepté dans les tems & dans les lieux dans lefquels leur tempérament eft alteré par la penetration & domination des exhalaifons qui procedent de la region terreftre qui leur eft inferieure.

Boyle. de temperie fubmarinarum Regionum, cap. 4 & 5.

Theophra. fu. de ventis textu 41. & 60 mare per hyemem calidum, per æftatem vero frigidum,

De la falure des mers.

Elles contractent leur falure univerfelle dans la communication reciproque qu'elles ont avec les regions inferieures de la terre, dans laquelle le fel compofé d'un efprit ignée refferré par le froid exterieur d'une matiere terreftre, incorporé dans une humidité temperée, eft continuellement formé par la concurrence de la chaleur étrangere qui vient d'en bas, avec la froideur naturelle des deux autres élemens contigus, & eft continuellement diffous par la penetration & mélange des eaux.

Les eaux appefanties par la folution & incorporation de ce fel font d'autant plus pouffées à la fuperficie qu'elles en font plus impregnées par l'impreffion qui vient du deffous cy-devant expliquée.

Kircher. mund. fubterr. tom. 1. lib. 3. c. 3. coroll. 3. & c. 4. hinc in Iflandia falfiffimu mare effe teftantur hiftoriæ nauticæ à radicib. montis Hecla ignivomi, eadé ratione totus Oceanus Septentrionalis qui & glacialis, falfiffimus eft. Marifotus in orbe maritimo lib. 20. c. 43. p. 674. Fabri. panchimicum pag. 442. mare antarcti cu fummope re falfum.

D

L'amertume des eaux marines.

L'amertume des eaux marines pareillement contractée dans la profondeur des terres où elles penetrent par leurs poids, & dont elles font enfuite repouſſées par la vertu expulſive qui procede des lieux plus bas, eſt un effet de la même chaleur inferieure, & nullement de celle du Soleil, non plus que leur ſalure, puiſque cette qualité ſe rencontre au même degré dans les mers des climats les plus froids que dans celles des plus chauds.

La qualité huileuſe des eaux marines.

La qualité huileuſe mêlée dans la plûpart des eaux marines, marque un eſprit ignée reſſerré dans une ſubſtance aërienne ou Etherée par un froid aqueux ou terreſtre.

** Voyage des Irdes de Mandiflo, liv. 3. p. 549.*
Voyage de Siam des R. P. Iefuites, p. 52. 53. & 54.

* La lumiere & les étincelles de feu que les choſes des flotes dans l'agitation des tempêtes font paroître és tems obſcurs au deſſus de la ſuperficie des mers, & ces exhalaiſons enflammées, ramaſſées au haut des mâts des Vaiſſeaux, aprés ces tempêtes, font les mêmes demonſtrations des eſprits ignées, contraêtés par les eaux marines dans les lieux inferieurs, & enſuite exprimés par la violence de leurs mouvemens.

Leur réünion & leur aſſemblage ont ſouvent allumé de grands feux, & produit de groſſes flames élevées du fonds qu'elles ont penetré de ces mers , & qu'elles ont répandus au deſſus de leur ſuperficie.

A R T I C L E II.

Des ſignes tirez de l'inégalité du fond des mers.

LEs plaines ou égalité de ſuperficie qui ſe trouve dans le fond de quelques mers , marquent dans ces endroits l'égalité des forces & l'uniformité des diſpoſitions des terres dans leſquelles ces deux facultez contraires ſe ſont rençontrées ; & les grandes inégalitez de pluſieurs mers en profondeur, concavitez & élevations diſtinguées par la diverſe longueur des cordages des ancres , donnent de même que l'inegalité des terres des païs élevez au deſſus des mers , la connoiſſance du combat des facultez motrices contraires , qui ont plus ou moins élevé ou abaiſſé les terres contigues aux eaux , ſuivant que la force de l'une a plus ou moins prevalu à la force de l'autre ſelon les diverſes diſproportions des lieux.

Boilé & Kircher , relationes de mundo marino.

Conſequences tirées des inégalitez.

Ces plus grandes élevations dans le fonds des mers marquent conſequemment les plus grands enfoncemens dans les concavitez inferieures , & les plus grandes dépreſſions des fonds marquent les plus grands

Kirch. mund. ſubl. tom. 1. l. 3 ch. 4. p. 165. deſcript. Indiæ occident. de Laet. l. p. 1. c. 10. p. 12. Hiſt. naturelle

rehauffemens dans les concavitez des endroits inferieurs les fources qui failliffent de quelques - uns de leurs fonds. L'abforption & eruption faites en grande abondance de leurs eaux par une multitude de gouffres dont les defcriptions feront faites dans la fuite, & les diverfes parties des mers & de quelques grands Lacs, dont les fonds font inexplorables, démontrent les communications continuelles des mers fuperieures avec les inferieures fuivant les difpofitions convenables & le jufte contrepoids defquelles ces deux facultez contraires les maintiennent enfemble dans un perpetuel équilibre.

des Indes, de Iean Foleus liv. 6 ch, 12. fol.91. defcription de l'Amerique Septentrionale du fieur Denis to.1, ch 7.pag 190. Baccius de Thermis l.5.c. 2.Antigouhift. mirab pars. 9. Indiæ orientalis fub. imperio Petri Guillermi fol. 37. Majolis dies canic p. 189. nova defcrip. regni Africani. Philip. Pigofeftæ. fol. 8.2 pars Indiæ Oriental.cap.8. f 29.

Orbis maritimus Morifot. lib.2. c.33 p.l.81. & l.91, Joan. Herbin. de cataractis,c.9.Olaus Magnus de rebus feptentrion lib.2.c.40. Sommaire des Indes Orient. de Dom P. Martyr.

Hift. de la nouvelle France de l'Efcarbot, ch 12. Bacchius de Thermis, lib.1. c.1.Olaus M. de reb.Septent,lib.2.c.2,orbis marit. Morifot. c.45.p 180.&c.

Deus quando librabat fontes aquarum Proverb c.8.

C'eft dans ces enfoncemens de la fuperficie des concavitez inferieures que les eaux interieures pouffées par la force motrice qui vient du centre font neceffairement reduites.

Ces eaux forment par leur amas & par les écoulemens des fleuves foûterrains qui y prennent leur cours felon la difpofition & l'enfoncement de leurs lits moins éloignés du centre des mers, riviéres & fontaines foûterraines, égales à celles qui couvrent la partie exterieure du Globe terreftre.

Les fontaines & les ruiffeaux fe rendent

dans les riviéres & dans les fleuves , par des penchans dont * les enfoncemens ont de pareilles proportions à ceux des riviéres & des fleuves , que ceux des riviéres & des fleuves à ceux des mers.

* Kircher tom.1 l 2.cap. 15.mundi fub- terr. *Iournal des Sçavans du* 28. Jui 1566. Gaudent. Me- rulæ memorabilia . lib.3. c.17. Seneca , lib 3 natur.quæft. c.16.difputatio cabaliftica R.Ifraël fiiii R.Mofis traducta à Jofeph Voifin. nota ad cap.1. p. 211. 317 Zoar. col 14 mare de mari Mich c.1 mare erumpebat quafi de vulva procedens 106. cap.38. Deuteronomii,c.5.de iis quæ verfantur in aquis fub terra. Genefis, cap 2.fons afcendens de terra irrigans univerfam fuperficiem terræ.

Georg. Agricola,de caufis & ortu fubterr li b.5.p 76 ex Albert. propriis motibus elementum aliud ab alio depellit, nam etfi aqua fua vi & pon- dere defcendat in inferiorem locum , afcendit tamen ex terra ut fuper ipfam natet, & terra contra defcendit. Homerus & Plato, locis citatis.

Les matieres qui forment les enfoncemens de cette concavité generale, imbues des impreffions de la faculté motrice qui vient du centre , prennent conféquemment leur hauteur de leur plus grande proximité , & leur baffeffe de leur plus grande diftance du centre, au contraire de celles qui font la fuperficie exterieure dont la hauteur con- fifte dans le plus grand éloignement , & la baffeffe dans leur plus grande proximité du centre ; les montagnes, les plaines & les valées comparées à celles de l'exterieure du Globe terreftre y font dans un ordre & dans une fituation inverfe , les pointes & les fommets des montagnes font les parties de cette immenfe concavité les plus pro- chaines du centre , & les lits de ces mers inferieures en font plus éloignés que ne le font les plaines & les valées.

Les fontaines , les ruiffeaux , les riviéres , les fleuves & les mers de cette grande concavité gardans les mêmes proportions dans leur situation & dans leurs cours à l'égard des montagnes , des plaines , des valées & des lits des mers de cette concavité, que ceux qui coulent sur la superficie exterieure du Globe terrestre, gardent avec les montagnes , les plaines & les valons de la même superficie , coulent necessairement dans une situation inverse & dans une disposition entierement contraire à celle de la superficie exterieure.

ARTICLE III.

Des signes tirez du poids des mers.

L'Alteration de l'effet de la gravité dans le fonds & dans la superficie des mers exterieures, a fourni au Chapitre precedent des marques de l'impression qui lui est contraire;& le poids que fait l'étenduë & la profondeur de ces mers,par lequel elles ne sont haussées ni abaissées au-dela d'un certain terme , démontre la verité * d'un contrepoids ou d'un autre principe de mouvement different de la gravité.

* Quãdo Deus librabat fontes aquarum, Pr. c. 8.

L'un de ces principes ou tous deux ensemble tiennent les eaux superieures portées au centre par leur gravité, suspenduës sur les inferieures qui sont poussées par la faculté motrice contraire aux concavitez de la circonference qui les contiennent.

De la proportion que les mers superieures & inferieures gardent reciproquement.

Ces eaux de situations opposées se maintiennent dans cette suspension & gardent entre-elles dans leur quantité les mêmes proportions que leurs forces motrices gardent entre-elles par le moyen du passage continuel de la region des unes dans celles des autres de toute la quantité qui excede ces proportions reciproques.

Propheta Michæas. cap. 7. Audiant montes judicium Domini usque ad flumen & ad mare de mari. Psal.41. abyssus abyssum invocat, in voce cataractarum tuarum.

Philo judæus lib. antiquitatum Biblicarum: Aperti sunt omnes abyssi & fons magnus, &c.

Alibi, expergefacta est abyssus de venis suis, & omnes fluctus maris convenerunt in unum. Homerus & Plato loco Phædonis supra citato: omnia sursum, deorsum ferri veluti vase pensili quodam in terra posito atque ita librato ut utrimque vicissim inclinet atque attollat.

Sans ces communications toutes les terres élevées au dessus des mers seroient enfin submergées, par les grandes abondances des eaux que les fleuves leur apportent continuellement.

Ce passage continuel d'autant des eaux dans ces lieux inferieurs, démontre l'égalité des eaux inferieures aux superieures en profondeur & en étenduë, à celles des concavitez qui contiennent les unes aux concavitez qui contiennent les autres à l'égard de toutes les mers qui n'ont aucune autre impression que celles de ces deux facultez contraires, dont l'une pousse tous les corps au centre, & dont l'autre les pousse tous à la circonference.

Les differentes hauteurs des mers superieures dont la gravité fait prendre à quelques-uns leurs cours par des pentes & leur
entrée par des détroits dans celles de la superficie est plus basse ; les impulsions que
d'autres conçoivent par leurs agitations qui
les conduisent par de pareils détroits à
celles dont la superficie est plus élevée,
ausquelles elles portent toutes les eaux qu'elles ont reçûës de l'affluence de plusieurs fleuves ; l'égale ou inégale quantité des eaux
que ces mers dans lesquelles les autres se
rendent, reçoivent continuellement par une
pareille ou plus grande abondance de celles des fleuves qui s'y perdent , & l'impos-
sibilité démontrée au Chapitre precedent de
l'épuisement & du retour de toutes ces eaux
aux lieux de leur origine par les vapeurs
& par les pluyes , ôtent tout lieu de
douter de la grandeur des concavitez soûterraines dans lesquelles la décharge con-

*Orbis terra-
rum dispositus
in æquitate &
justitia. Sap .c.
2.*

tinuelle des eaux de ces mers superieures,
forme d'autres mers qui leur sont égales, &
qui font par leur profondeur le contre-
poids , par lequel le grand poids des superieures est balancé & maintenu dans un perpetuel équilibre.

*De la mer Caspie & autres , & des consequen-
ces qui en sont tirées confirmatives de la concavité generale qui environne la superficie interieure du Globe terrestre.*

*Autheurs cy
devant citez &
Joan. Zahn.in*

La mer Caspie , & autres pareilles mers
ou Lacs de grande étenduë , qui reçoi-

vent continuellement des eaux immenses par une pareille afluence de fleuves sans que le niveau de leur eau en soit exhaussé, & sans qu'il y aye aucun détroit ni aucune ouverture apparente dans les terres qui les enferment, qui leur puisse donner issuë ; démontrent la même verité de ces concavitez & de ces mers soûterraines necessaire à la décharge des eaux des superieures.

Cette verité est mise hors de contestation par les suites des accidens qui arriveroient, si ces mers fermées de toutes parts, se rendoient par des routes cachées dans l'Ocean ou dans d'autres mers superieures, dans lesquelles elles se déchargeassent continuellement de leurs eaux en quantité pareille à celles qu'elles reçoivent.

L'abord de toutes les eaux qui affluent continuellement à ces mers clauses & fermées, faisant alors un surcroît à celles des grandes mers dans lesquelles elles se déchargeroient, joint aux affluences que ces plus grandes mers reçoivent continuellement des autres fleuves qui s'y perdent, & des moindres mers qui s'y rendent par des détroits avec toutes les eaux qu'elles ont d'ailleurs, rendroient encore mieux la submersion de toutes les terres inévitable.

Il faut donc necessairement que ces dernieres mers dans lesquelles se rendent les autres par de telles voyes occultes ou ouvertes, ayant leur entrée & leur décharge dans des concavitez soûterraines, capables de contenir toutes les eaux que les fleuves

specula phisico matematico historica.

leur apportent, & celles qui affluent continuellement aux unes & aux autres de ces mers superieures.

C'est de cette affluence continuelle que resulte la consequence de l'égalité des mers soûterraines & de leurs concavitez, à celles de toutes les mers superieures & de toutes leurs concavitez.

Plusieurs endroits de ces mers & de ces lacs dont les fonds sont inexplorables, & la multitude des gouffres terribles qu'on y rencontre qui absorbent des eaux immenses * suivant les Auteurs cy-devant citez, dont les Rélations seront raportées en la deuxiéme partie de ce Traité, donnent des démonstrations visibles de ces communications & de ces décharges des eaux des mers superieures dans les concavitez des mers soûterraines ; & confirment la verité de la faculté motrice inferieure, necessaire à l'élevation des eaux de ces concavitez submarines en quantité pareille à celle qu'elles en reçoivent, par les endroits dont les dispositions cy-aprés expliquées la font prévaloir à la faculté motrice contraire.

Cette quantité des eaux est necessaire pour fournir à toutes les sources & aux autres eaux qui affluent d'ailleurs dans les mers, & à toutes les matieres des vapeurs élevées dans tous les païs du monde par le concours des chaleurs soûterraines avec celles du soleil.

Les restitutions & compensations qui se font par la détraction des eaux qui descen-

* Joan. Zahn. in specula phisico mathem. historica & apud eū Zeigler. pag. 138. referunt esse in Scandia inter tres insulas Norvegiæ mare in quo aquæ sorbentur accidente fluxu, & rejiciuntur refluxu. In sinu maris Persici haud dissimilis spectatur vortex, item inter Angliam & Normaniā, quæ ibidem confirmantur per relationes fluxuū, refluxuumque tractuum marinorum polo arctico vicinorum secundum testimonia nautarum.

dent des mers superieures, font contenir toutes ces eaux dans leurs bords, & rendent le niveau de leur superficie égal ou proportionné à celui de la superficie des autres.

C'est ce qui maintient réciproquement les unes avec les autres dans un perpetuel équilibre, par le moyen duquel la force impulsive qui vient du centre, tient la superficie des mers inferieures dans une pareille disposition sur l'air qui leur est inferieur, que la gravité tient la superficie des mers superieures sous l'air qui leur est superieur.

ARTICLE IV.

Des signes tirez des mouvemens des mers.

IL y a dans les mers une grande diversité de mouvemens, il y en a de generaux, de climatiques & de particuliers ; les uns sont fixes & continuels, les autres sont changeans, variables ou intermettans ; les uns sont saisonnaires & reglés, & les autres sont casuels & sans aucune regle ; les uns sont simples & les autres sont composez ou dirigez par plusieurs reflexions, par les divers angles desquels ils sont convertis en des circulations, il y a aussi des calmes ordinaires à de grandes mers qui ne sont troublez que par les accidens des tems.

Les mouvemens des mers appellez generaux sont ceux qui regnent dans toute

Morisot, orbis marit. lib. 2. c. 4. *Scot.* Anatomia fontium, c. 8. *Scaliger & autres.*

Traité de la Navigation d'Isaac Vossius.

une circonference circulaire du Globe terrestre , par lesquels les eaux sont continuellement poussées. au même côté , à moins
qu'ils ne soient interrompus ou surmontez
par les mouvemens particuliers ou casuels
de quelques autres vents, ou qu'ils ne soient
dirigez , flêchis ou réflêchis diversement
ou au contraire par la disposition des côtez,
ou par celle des endroits élevez du fond des
mers.

Riccioli part. 2. de son Alma geste , sect 4. ch. 14 n. 16. & 17. & liv 10. de son hydrogra phie. ch. 4. & 5. du P. Fournier, liv. 9. de son Hydrographie & de Iean Herbinius en son Traité des Cataractes soûterraines , & flux des mers, du P. Kircher, en son Traité du monde Soûterrain, tom 1. l. 3. de François Bacon en son livre du flux ; du sieur Dassier en son Routier des Indes , & divers autres Autheurs.

Boyle, de fundo maris. Voyage des Indes de Vincent le Blanc, p. 163. Kircher. mund. subterr l. 7. c. 1. consect. 1. & cap. 3. Iournal d'Angleterre de l'an 1668 du 15. ou 25. Iuin ; Hist. universelle de Fr. de Belleforest, après Gonçal Oviedo, liv. 2 ch. 10 Edonis Euhusii fatidica, lib. p. 22.

Il y a deux sortes de ces mouvemens
generaux, l'un se fait d'Orient en Occident , & l'autre se fait d'Occident en
Orient ; le premier regne principalement
sous la ligne Equinoxiale, & s'étend jusques à trente ou quarante dégrez en deça
& en delà la Ligne.

Ce mouvement a ordinairement plus de
force depuis la superficie jusqu'à une certaine profondeur au dessous de laquelle il est
quelquefois converti en son contraire.

Du mouvement de la mer d'Orient en Occident.

Ces circonstances ont été observées par
tous les Voyageurs de long-cours dans leurs
voyages des Indes ; le mouvement des eaux
de l'Ocean d'Orient en Occident a été
parfaitement reconnu par le tems que ces
Voiageurs ont toûjours éprouvé en allant aux
Indes Occidentales , d'autant moins long

qu'ils ont navigé plus proche de la ligne
Equinoxiale & d'autant plus long que leur
navigation en a été plus éloignée ; ils ont
aussi éprouvé cette diversité qui est entre
les mouvemens des eaux inferieures à celui
des superieures dans la profondeur des mers
par les cordages de leurs ancres.

Du mouvement d'Occident en Orient.

Le second des mouvemens generaux,
sçavoir celui d'Occident en Orient commence à regner où l'autre finit, ce qui
est environ à trente ou quarante degrez de
la Ligne ; il a été pareillement reconnu par
le moins de tems que les Voyageurs de
long - cours mettent en allant aux Indes
Orientales, lors qu'ils navigent dans une
pareille ou dans une plus grande distance
de la Ligne, que si leur navigation en étoit
moins éloignée.

Par ces mêmes raisons les uns & les autres prennent dans leur retour une route
opposée à celle qu'ils ont tenuë en allant à
l'une ou à l'autre de ces Indes ; ceux qui
reviennent des Indes Orientales aprochans
autant qu'ils peuvent, & ceux qui reviennent des Occidentales éloignans autant qu'il
leur est possible leur navigation de la Ligne.

Mouvement Climatique.

Ce mouvement d'Occident en Orient est
moins fort dans les eaux prochaines de la
superficie, que dans celles du fond sur lesquelles il regne, ce qui est cause qu'il ne

*Iournal d'An-
gleterre de l'an
1668. du 15. au
25. Iuin & au-
tres.*

peut en certains endroits prévaloir à fon
contraire, dans une grande élevation.

Mouvemens Climatiques.

Les mouvemens climatiques font ainfi
appellez parce qu'ils font plus ordinaires ou
plus fenfibles fous certains climats, ceux
des Zones froides reçoivent de l'alteration
par les changemens des faifons, portant
les eaux du côté du midy au côté des Poles,
ou des Poles au côté du midy par les penchans ou par les montans de leur fuperficie,
fuivant que l'inclination de leur gravité qui
les attire aux plus bas lieux, ou que l'impreffion de leur mouvement qui les pouffe
aux plus élevez, prevalent l'une à l'autre.

Ils font fujets aux mêmes inflexions, &
reflexions par les côtez & par les autres
circonftances que les mouvemens generaux.

Des courans.

Les mouvemens particuliers font vulgairement appellez courans * ils regnent rarement ailleurs qu'és lieux prochains des
côtés, les plus forts font dans les détroits,
ils s'étendent peu au-delà de certains endroits, il y en a qui viennent de toutes
parts & qui vont à tous les côtez.

Ils reçoivent plufieurs autres differences,
car les uns font continuels, venans toûjours
de même part & allans toûjours au même

* Hift. de la
nouvelle Fran.
ce de Marc
l'Efcarbot,liv.2.
ch.4.p.171.

Routier des In.
des Orientales
d'Alexoà à Mo-
ta : Iournal

côté , & prenans seulement plusieurs inflexions & reflexions , par la disposition des
côtez ou par celle des détroits & des fonds
des mers

Les autres sont changeans, variables, alternatifs & venans en certains tems ou en certaines saisons d'une part à une autre, & dans
un autre tems ou dans d'autres saisons allans
& venans d'un autre côté à un autre côté.

Avant que de passer d'un contraire à l'autre contraire , ils ont ordinairement des
intermissions ou intervalles qui font des
calmes de differents dégrez dans les divers
endroits des mers qui sont sujettes à leurs
impressions.

d'Angleterre de l'an 1668. du 15. ou 21. Iuin. Voyage des Indes Orientales de Fr Peyrard, ch. 10. n. 18.

ARTICLE V.

Des mouvemens extraordinaires des mers, & des inégalitez & contrarietez des mouvemens ordinaires.

ON peut mettre au nombre de ces
mouvemens changeans & alternatifs,
ceux de plusieurs mers qui sont composez
de deux mouvemens contraires , par l'un
desquels les eaux affluent abondamment
& en refluent par l'autre en pareille abondance.

Des flux & reflux des mers.

Ce mouvement est vulgairement apellé
mouvement de flux & de reflux.

Voßius, Riccioli, Fournier, Kirch. és lieux cy-devant citez P. Honorat Fabry en son livre de Æstu Marino & autres.

Ce mouvement de flux & reflux a plusieurs periodes , l'un journalier qui s'accomplit en vingt-quatre heures & quarante-
huit minutes ; l'autre lunaire qui s'accomplit deux fois en un mois lunaire , & l'autre
annuel qui s'accomplit deux fois par année.

Tous ces periodes ont leur plus haut &
leur plus bas point, & reçoivent plus ou
moins d'accroissemens ou de diminutions
suivant,& à proportion de leurs aproches ou
de leur éloignement de ces points.

Des circulations particulieres.

Les mouvemens composez qui sont dirigez & convertis en circulations,ne dépendent que de la disposition des bords qui enferment les eaux agitées par leurs diverses impressions.

Rien n'est plus opposé à ces mouvemens
que les calmes , la plûpart des mers en ont
quelque-fois par accident ; mais il y en a
ausquelles ils sont ordinaires & dont ils ne
sont alterés que par les mouvemens casuels
qui proviennent des changemens de l'air &
de la varieté de ces vens qui n'ont aucun
ordre ni aucun tems reglé, dont la connoissance ne fait rien au sujet qui se presente.

Le mouvement general des mers d'O-
rient en Occident sous la Zone torride plus
fort sur les eaux prochaines de la superficie, démontre * le raport qu'il a avec les
Cieux par sa circulation ordinaire & celui
qu'il a avec le Soleil par l'inclinaison de

* Vvoßius en son Traité du mouvement des vents & de la

cette

cette circulation à l'un ou à l'autre des Poles, ou sa déclinaison de l'un ou de l'autre suivant & à proportion de celles du soleil.

Les proprietez de ce mouvement sont d'autant plus vray-semblablement referées au Soleil, qu'elles ne peuvent l'être à aucun principe enfermé dans l'interieur de la terre ny à aucun des autres Astres superieurs.

Le renforcement annuel de ce même mouvement lors que le Soleil parcourt la ligne Equinoxiale, fait la même démonstration, & son renforcement ou affoiblissement mensal suivant les rélations ou oppositions de la situation de cet Astre à celles de la Lune, font voir les causes de cette inegalité dans les divers aspects de ces deux Planetes.

De l'origine du mouvement des mers d'Occident en Orient.

Il n'en est pas de même du mouvement general d'Occident en Orient, dont le regne commence depuis le degré auquel finit celui d'Orient en Occident.

Ce mouvement d'Occident en Orient prend d'autant plus de force qu'il s'écarte davantage de l'autre, & qu'il approche plus du fonds; fait connoître l'éloignement & l'opposition de son principe, qui est dans l'impression que les eaux reçoivent du feu central, dont la verité, la situation & la circulation seront démontrées dans

mer. ch. 1. & 2. Daßier dans son Architecture navale. liv. 3. ch. 1. Claude Duret en son Traité des causes des mouvemens des mers 15. p. 58. 59 & 60. Acosta, liv. 3. ch. 6.

Vvoßius dans son Guidon de la navigation. chap. 3. Riccioli Almag. tom. 1. lib. 9. cap. 14. sub finem numeri 13. secûdùm Frommedû Cabeü, & numero 14. secundùmSca.

E

le Chapitre particulier de cet élement.

L'égalité des forces de ces deux mouvemens produit dans les endroits de leurs confins des calmes où ils s'arrêtent reciproquement, ou bien des concurrences dans lesquelles ils ſe ſurmontent alternativement, au moyen des circonſtances des tems & des lieux plus ou moins convenables au cours de l'un, ou à celui de l'autre.

Ce mouvement d'Occident en Orient eſt obſervé ſoûs toutes les Zones temperées, & même ſoûs les Zones froides juſqu'aux endroits où il eſt coupé par ceux qui viennent des Poles ; il n'a aucune proprieté, ni aucunes autres circonſtances qui ayent du rapport à celles des Cieux ; les pleines mers dans leſquelles il domine également ou concurremment avec celui d'Orient en Occident, & leur égal éloignement de toutes les côtes & de tous les corps, dont les obſtacles pourroient en faire quelque repercuſſion, ne permettent pas mieux de rapporter l'origine de l'un que celle de l'autre à aucune reflexion.

Ce mouvement s'avance autant du côté des Zones temperées & de la Zone torride, que celui qui eſt imprimé aux eaux par les Cieux & par le Soleil s'en éloigne, & il s'en éloigne autant que l'autre s'en approche : ainſi la contrarieté de ces deux mouvemens ne pouvant provenir que de principes oppoſés, démontre celui du mouvement d'Occident en Orient, dans l'endroit le plus oppoſé du principe du mouvement d'Orient en Occident , sçavoir dans l'interieur du Globe terrestre.

Ces deux mouvemens se repoussans reciproquement par la contrarieté de leurs impressions ; separent les eaux sur lesquelles ils dominent dans les endroits où elles ne sont point contraintes par la proximité des côtés , & se partagent leur regne sur les portions des pleines mers , plus disposé par leurs circonstances à recevoir leurs impressions.

Des rapports des mouvemens Climatiques aux mouvemens generaux.

Les mouvemens Climatiques qui portent les eaux aux Poles & qui les en rapportent, n'ont de leur part aucun rapport avec ceux des Cieux ; mais celui qu'ils ont avec les deux precedens mouvemens des mers par leur acceleration ou leur remission , qui suivent la proportion de leurs approches ou de leurs éloignemens , exhaussement ou abaissement des eaux sujettes aux impressions de ces deux mouvemens generaux , font reconnoître l'origine de leurs progressions & de leurs regressions dans les differentes circonstances de ces deux precedens mouvemens generaux.

Daßier en son Architecture navale , liv.3. ch. 1. Uvoßius en son Guidon , ch.2. Kicher , lib 3. c. I. mund.subterr. sect.1.c.1, *Duret, ch.18.p.163 & autres Autheurs par lui citès.* C. *Cæsar Darçons en son livre du flux & reflux de la mer 2. Partie , ch 8* Morisotus in orbe maritimo, lib.2. c. 4. *Introduction à l'hidrographie de l'Athlas de Ianssen , ch.4.* Kircher mund. subterr. lib.3. sect.1.c.1. Bartolin de aquis n.70. *Hist. de la nouvelle France de l'Escarbot , l.2.ch.4. Memoires du sieur Bernier , p.223. & 228.* Kircher , tom. 1. mund. subterr. l.3 c.20.

Des causes des diverses circonstances des courans des mers dans les divers lieux & dans les divers tems.

Voyage des Indes de Mandeslo, liv. 1 p. 280. de Vincent le Blanc, ch. 10. p. 163. de Franç. Pyrard, p. 75. & ch. 18. p. 165 des Hist de Iean de Baros, de Marc Paule Venitien. Routier des Indes Orientales d'Alexandre Damota, p. 2. 3. 58. Iournal d'Angleterre de l'an 1668. du 15. ou 25 Iuin.
Voyage du General Beaulieu, p 6. Kircher mund. subterr. lib. 3. c. 1. & c. 7, *Vvossius ch. 7. Dassier en son Routier des Indes en divers lieux.*

Les mouvemens particuliers à certains détroits, ou à d'autres endroits des mers qui n'ont aucun côté determiné ou commun depuis le commencement de leurs cours jusques à la fin, reçoivent plusieurs differences dans leurs durées.

Les uns ont continuellement le même cours, d'autres le changent de six en six, & d'autres de trois en trois mois, & quelques-uns de quinze en quinze jours, ou en un tems plus court, commençans, cessans ou changeans, & étant même convertis en leurs contraires, suivant la diversité des saisons, proximité des Equinoxes, ou des solstices, ou aprés un certain espace de tems.

La diversité de toutes ces circonstances fait voir celles de leurs principes, dont les plus prochains se rencontrent dans les mélanges & dans les reflexions des mouvemens precedens, les autres dans les facultés & dans les dispositions interieures de la terre, & les autres dans les mêmes causes qui font les differences & la varieté des tems & des saisons.

Les intermiſſions ou intervales qui font une eſpece de calme entre la fin de l'un des cours de ces mouvemens alternatifs & le commencement de celui qui lui eſt contraire, marquent ſeulement dans ces circonſtances l'affoibliſſement de l'un & de l'autre.

De la multitude des cauſes des flux & reflux.

Mais la grande varieté des accidens auſquels font ſujets ces mouvemens vulgairement appellez flux & reflux, démontrent une bien plus grande multitude & une plus grande diverſité de principes dont les uns plus communs ſe rencontrent dans les mouvemens precedens, ou dans une même & commune origine, & les autres qui leur font particulieres procedent des cauſes ſuperieures.

Des calmes des mers.

Les calmes ordinaires ou tres-frequens à de fort grandes mers, démontrent bien mieux la privation ou les éloignemens des principes de tous les mouvemens, ou les défauts des conditions neceſſaires à la participation de leurs impreſſions, que leurs mêlanges, ou que leurs concurrences, parce que le concours des differentes circonſtances convenables aux uns & aux autres, les feroient plûtôt prévaloir alternativement qu'amortir reciproquement leurs im-

Daßier en ſon Routier des Indes Orientales & Occidentales, l. 5. ch. 2. & 3. Vvoßius, ch. 8. & 9. Kircher tom. 1. mund. ſubterr. lib. 3. c. 1. 2. 3. 4. 5. 6. 7. & 8. Honor. Fabri Dialogi de motu terræ & cauſa æſtus marini. Riccioli, d'Arçons & alii plurimi. Voyage de Fr. Pyrard, p. 141. Voyage de Siam des P. Ieſuites, l. 1. pag. 29. 6. Pars Indiæ Oriental. p. 3. Voyage des Indes de M. Dellou, ch. 28 p. 120 Routier des Indes Orientales d'Alex. Damoſta p. 2. & autres. Daßier en ſon Routier des Indes en divers lieux.

preſſions par le mêlange & par la confu-
ſion des eaux qui en auroient été empreintes.

Remarques importantes tirées des conſequences
des mouvemens exterieurs du Globe terreſtre.

Tóus ces mouvemens & toutes ces circonſtances de leurs principes, ſont des voyes
propres, à nous conduire à une entiere dé-
couverte de leurs cauſes prochaines qui
conſiſtent dans la diſpoſition des ſubſtances ſuperieures, ou dans la conſtitution
des inferieures.

Les effets, &
les parties nous
donnans par
leurs rapports,
la connoiſſance
des cauſes, &
de toutes les
voyes les plus
ſûres pour nous
conduire à la
connoiſſance des
mouvemens des corps celeſtes, ſe doivent rencontrer dans les obſervations faites
dans ce Traité des mouvemens des élemens Sublunaires, par la correſpondance
deſquels aux celeſtes on peut faire la deciſion du grand Problême ſur le mouve-
ment du Soleil autour de la terre, ou de la terre autour du Soleil, laquelle de-
ciſion nous entreprendrons de faire par cette voye dans l'Anatomie du monde
celeſte.

La connoiſſance parfaite des cauſes prochaines de ces mouvemens, nous démon-
trera reciproquement les accidens de ceux
dont les eaux interieures du Globe terreſtre
ſont agitées, avec leſquels les mouvemens
exterieurs conſervent des correſpondances
pareilles à celles qui ſe rencontrent entre
les diſpoſitions exterieures & interieures du
Globe terreſtre, & gardent des proportions
conformes au plus ou au moins des impreſſions qu'ils reçoivent tant des principes exterieurs que des interieurs.

Des differences & oppositions qui se rencontrent entre les mouvemens des eaux exterieures & ceux des interieures, & de leurs consequences.

La mesure des effets étant proportionnée à l'application la plus directe & à l'action la plus prochaine des principes sur les sujets convenablement disposés; le mouvement d'Orient en Occident, dont les principes se rencontrent dans les substances celestes, regnent consequemment avec beaucoup plus de force & dans une étenduë beaucoup plus grande sur les mers exterieures que sur les interieures.

Ce mouvement est d'autant plus affoibli & moins étendu dans les mers interieures, qu'elles sont plus éloignées de ces causes superieures, & comme de toutes les parties du Globe terrestre, la Zone torride est la plus directement soûmise au cours des Planetes, leurs impressions sur cette partie de ce Globe prévalent davantage à toutes celles qui peuvent provenir d'ailleurs, qu'elles ne peuvent prévaloir sur toutes les autres parties.

Par une pareille raison le principe du mouvement d'Occident en Orient se rencontrant dans l'endroit le plus prochain du centre, ou bien dans le feu central dont l'action s'étend sur toutes les parties des circonferences des deux Zones temperées; ses impressions sont d'autant moins alterées

que celles de son contraire, qu'il en est
plus éloigné & il les surmonte avec d'autant plus de force dans toute l'étenduë des
mers interieures, qu'elles lui sont plus
prochaines.

Il surmonte au contraire d'autant moins
le mouvement d'Orient en Occident qu'il
s'éleve davantage vers les mers superieures,& son impression est en même tems plus
affoiblie par celle de son contraire, laquelle est plus forte sur les sujets, sur lesquels son action est plus prochaine & plus
directe.

La proprieté ordinaire des mouvemens
circulaires d'éloigner de leur centre toutes
les parties des corps empreintes de leurs
impressions par la ligne tangeante du cercle
qu'ils décrivent, fait des effets dans les
circulations des grandes mers exterieures,
differens de ceux qu'elle fait dans les circulations des grandes mers interieures.

Les parties de la circonference convexe
des mers superieures sont portées par la
direction de cette ligne au dehors de la superficie qui les termineroit si elles étoient
sans mouvemens ; & celles de la circonference concave des mers interieures sont
poussées par la direction d'une pareille tangeante, au dedans de la superficie interieure qui les contiendroit si elles étoient en
repos.

Ainsi d'autant que le mouvement circulaire des mers superieures a plus de force
& plus de vîtesse, d'autant toutes les eaux

en font plus élevées au dehors, & fi ce mouvement eft plus acceleré dans une des portions de fa circulation que dans une des autres, les eaux feront plus portées au dehors dans cet endroit que dans les autres.

Au contraire d'autant que la circulation des mers interieures eft plus accelerée, d'autant toutes les eaux de leur fuperficie concave font plus enfoncées au dedans de leur profondeur, * & fi cette circulation eft plus accelerée dans l'une de fes parties que dans l'une des autres, les eaux de cette partie feront depuis leur fuperficie concave, d'autant plus fortement & plus avant pouffées au dedans de fa profondeur dans l'une que dans l'autre.

Il s'enfuit de ces principes que d'autant que les eaux des mers exterieures & interieures font agitées par de plus promptes circulations, d'autant leur poids refifte moins à l'élevation des fuperieures, & à l'enfoncement des inferieures dans leur concavité, parce que les eaux des mers inferieures preffées par le contre-poids de la faculté motrice, qui procede du centre à l'impreffion de laquelle le poids des fuperieures fait alors moins de refiftance, font d'autant plus portées aux concavités des fuperieures par les endroits de leur communication des eaux, defquelles l'accez à celles des fuperieures fait pour lors un accroiffement confiderable.

Par la raifon des contraires, d'autant

*Il faut noter que la profondeur de cet interieur, fe prend au contraire de la profondeur des mers exterieures, celle des exterieures fe prend d'haut en bas, & celles des interieures fe prend de bas en haut.

que les mouvemens des eaux des concavités inferieures font plus remis ou ralentis
dans toutes ou feulement dans quelques
parties de la circonference qu'ils occupoient, d'autant le poids des eaux fuperieures furmonte davantage le contre-poids
des inferieures, lequel leur fait ainfi de fa
part d'autant moins de refiftance.

Suivant ces difpofitions les eaux des mers
fuperieures paffent de leur region & de
leurs concavitez dans celles des mers inferieures par les pentes qui les conduifent aux
endroits de leurs communications, & l'accez des eaux des mers fuperieures trouvans
moins de refiftance dans les endroits des
inferieures, dans lefquels le mouvement circulaire eft plus ralenti, y fait un plus grand
amas & un plus grand accroiffement que
dans les autres où il eft moins remis.

L'oppofition des mouvemens climatiques dans leurs cours qui portent les eaux
des côtez des Poles à ceux des Zones
temperées ou à celui de la Zone torride,
ou qui les portent des côtez de la Zone
torride ou de ceux des Zones temperées
aux côtez des Poles, proviennent de ces diverfes élevations ou depreffions des eaux
caufées par la diverfité des accidens &
des circonftances des deux mouvemens
generaux.

Les impreffions de l'un de ces mouvemens generaux, fçavoir de celui d'Orient
en Occident font plus fortes fur les eaux
de la Zone torride fur lefquelles elles tom-

bent directement ; & celles de l'autre mouvement general font plus fortes fur celles des Zones temperées qu'elles frappent par des lignes femidiametrales tirées à angles droits , de l'une du Globe terreftre fur les cercles qui compofent la furface de leur fuperficie concave.

Mais ces deux impreffions dont l'une procede des principes fuperieurs & l'autre des inferieur , n'agiffans fur les parties Polaires que par des lignes obliques & indirectes ; leur effet fur leurs eaux eft peu ou point fenfible & n'y apporte aucun empêchement à ceux des deux facultez motrices contraires , dont l'une porte les corps au centre ou aux lieux plus prochains du centre , & l'autre les porte au côté de la circonference à la hauteur jufques à laquelle fes impreffions peuvent prevaloir.

Ces deux facultez oppofées maintenans dans les mers exterieures de ces parties Polaires la difpofition qu'elles ont à garder entre-elles dans la hauteur & dans la baffeffe de leurs eaux , fuivent les proportions que leur poids & leur contre-poids ont entre-eux.

Ainfi les mers exterieures fe déchargent par les endroits des communications qu'elles ont avec les interieures dans les concavitez des interieures des eaux qui leur furviennent des differens climats, dont le poids augmentant celui qu'elles avoient auparavant, leur fait exceder cette proportion.

Les eaux des autres climats accourent

aux Polaires dans les intervales de la ceſſa-
tion où de la diminution des mouvemens
circulaires des mers Meridionales, par l'acceleration deſquelles elles avoient été auparavant élevées contre l'inclination de leur
gravité, dont l'impréſſion affoiblie les laiſſe
ſucceſſivement refluer vers les mers Polaires, lors que la ſuperficie s'eſt abaiſſée juſques au point au-delà duquel leur cours
ceſſe de porter leurs eaux ailleurs.

Par la même raiſon lors que les mers
interieures des parties Polaires reçoivent
par un pareil changement de la diſpoſition
des autres mers interieures des accroiſſe-
mens de leurs eaux, par leſquelles la proportion de leur contre-poids au poids des
mers qui leur ſont ſuperieures eſt alteré,
elles renvoyent à ces mers ſuperieures des
Poles par les mêmes endroits de leurs communications toutes les eaux par la ſurabondance deſquelles leur poids excede cette
proportion.

La ſuperficie des mers exterieures de ces
parties Polaires devenant par l'aſcenſion
des eaux de ces mers inferieures plus élevée que celle des mers voiſines des autres climats, leurs eaux prennent par leur
gravité leurs cours aux côtez de ces autres climats.

Ces alterations du poids & du contre-
poids des mers interieures & exterieures des
parties Polaires, faites alternativement
dans les unes & dans les autres de ces
mers, reglent les alternations des mouve-

mens des eaux des mers des climats chauds
& temperés.

Les eaux des mers interieures qui courent des climats interieurs prochains à leurs
Poles, & qui font portées aux parties Polaires des mers exterieures par les endroits
de leurs communications, fe repandent delà dans les mers des autres climats exterieurs ; & celles des mers exterieures de
ces climats qui fe rendent aux parties Polaires des mers exterieures par les communications defquelles elles entrent aux parties Polaires des mers interieures, fe repandent de-là dans les mers interieures des
climats interieurs voifins.

Il eft confequemment évident que ce
cours des eaux des mers exterieures des
parties Polaires aux côtez des climats exterieurs chauds & temperés, démontrent
dans les mers interieures qui leur font inferieures le cours des eaux des climats interieurs fuppofez aux climats des Zones
temperées & torrides exterieures, & au
côté des Poles, & que le cours des eaux
des Zones fuperieures torrides & temperées aux côtez des Poles, démontre dans
les mers inferieures des parties Polaires le
cours des eaux de ces parties, aux côtés
des autres climats interieurs.

Des principes des courans des mers.

Les courans dont les eaux fuivent les
pentes des fonds qui les foûtiennent & la

direction des terres & des bords qui les
enferment, ont les mêmes principes de l'o-
rigine de leurs mouvemens.

Ceux dont le cours est ordinaire du même côté, proviennent de la reparation qui se
fait continuellement de la proportion du
poids des eaux superieures au contre-poids
des inferieures par leurs accez des endroits
où elles surabondent à ceux dans lesquels
elles defaillent.

Les courans dont les eaux prennent leurs
cours d'un côté à un autre pendant six
ou pendant trois mois, ou pendant un
tems plus court, & dont les cours sont
aprés un pareil espace de tems convertis en
leurs contraires, ont les principes dans les
reparations qui se font continuellement des
proportions du poids des eaux superieures
au contre-poids des inferieures par le cours,
& decours des eaux des endroits où elles
surabondent à ceux dans lesquelles elles
manquent.

Comme l'alteration des proportions dans
ces endroits, par de telles surabondances
ou défaillances de leurs eaux, provient de
l'alteration des mouvemens generaux qui se
surmontent alternativement dans la force
& dans l'étenduë de leurs impreßions, suivant les differences des saisons, ou suivant les diverses situations des Astres plus
ou moins convenables, ou plus ou moins
contraires à l'un ou à l'autre, & suivant
les diverses situations ou dispositions des
côtés ou du fond des mers.

Les changemens de ces circonstances faisant prévaloir & ceder reciproquement ces mouvemens l'un à l'autre dans les mêmes endroits, font alternativement surabonder les eaux dans ceux où elles défailloient, & les font défaillir dans ceux où elles surabondoient, par laquelle conversion des causes dont les courans prennent leur origine, leur cours est pareillement converti.

ARTICLE VI.

Des gouffres des mers, & les consequences qui en font tirées.

LEs Gouffres affreux de plusieurs endroits des mers sont de deux especes, par lesquelles ils confirment la verité de l'origine de la diversité des courans ; les uns reçoivent des eaux immenses sans en jamais repousser par les mêmes endroits, & les autres les reçoivent & les rendent alternativement en pareille quantité. *

*Andr. Baccius de Thermis, lib. 2. pag. 127. Olaus Magn. de reb. Septen. lib. 2. c 4. *Sommaire des Indes Occidentales de Dompierre Martyr.* Relation *de François Alboa,* pars. 3. Indiæ Orient. pars. 9. Indiæ Occident. hist. orbis marit. lib. 2. c. 33.

Voyage d'Olearius. liv. 4. p. 353.

Herbinius Dissert. de cataractis, c. 9. p. 126. 127. & 128. *Iacques Fumée, feüille* 27, *& suivans.*

Kircher. mund. subterr. tom. 1. lib. 3. disquis. 1. c. 1. 2. 3. & disquis. 9. cap. 10 Schot. Anatom. font. l. 1. c. 8.

Georgius Agricola de natura eorum quæ effluunt ex terra, lib. 4. pag. 152. & 153.

Joan. Zahn. in specula Physico mathematico historica, *& autres* p. 138. & Zeiglerus, apud eum aquæ sorbentur accedente fluxu, & rejiciuntur rex fluxu. Item, &c.

L'abſortion de cette immenſité d'eaux
ſans retour, marque dans ces premiers
gouffres les divertiſſemens & affluences
des eaux, aux reſervoirs ſoûterrains & ſub-
marins, deſquels elles ſont élevées aux
ſources, aux écoulemens continuels deſquelles ces reſervoirs fourniſſent.

Les autres gouffres démontrent par la viciſſitude des flux & reflux de leurs eaux
aſcendantes & deſcendantes, la contrarieté des viciſſitudes des flux & reflux des
eaux inferieures, aux viciſſitudes des ſuperieures, & découvrent les raiſons des
viciſſitudes des mouvemens, par les impreſſions deſquels ces eaux prennent des
cours & des decours également oppoſés.

Par ces viciſſitudes les effets des forces
des deux facultés motrices contraires, dont
l'une pouſſe les corps au centre, & l'autre
les en repouſſe, ſont reciproquement com-
penſés.

La verité de cette viciſſitude de mouvemens des eaux inferieures contraires à
ceux des exterieures, ſous toutes les Zones temperées, froides ou torrides, eſt
ſurabondamment confirmée par les viciſſitudes des mouvemens des diverſes Fontaines, de pluſieurs Lacs & de pluſieurs mers,
& des divers Euripes ou Gouffres, contraires à celles de l'Ocean exterieur.

Ces Fontaines, ces Lacs & ces Mers,
participans au moyen de leurs circonſtances, ou de leurs diſpoſitions particulieres,
beaucoup plus des impreſſions des mouvemens

vemens interieurs que de celles des exterieurs * ont leurs flux dans les tems que
la plûpart des mers exterieures, & que les
Lacs & les Fontaines qui suivent leurs mouvemens ont leurs reflux ; & ont leurs reflux dans les tems que ces autres mers,
Lacs & Fontaines ont leurs flux.

* Georg. Agri-
cola de natura
eorum quæ
effluunt ex ter-
ra, lib.3. pag
12.. ex diver-
fis authoribus.
   Orbis marit.
Morizoti, lib.
2.c.42. Andreas

Baccius, lib.1. cap.24. p.45. tom. 3. *Du Voyage d'Espagne*, p.356. Conatus
ad explic. Phœnom R. Boile Per R.5. pag.43. *Voyage de Vincent le Blanc
des Indes*, p.67-72. & 127. *Architecture navale Dassier, liv.3. ch.1. p.204.* Navigatio Patritii, lib.4.c.1. *Itineraire de Loüis Barthem liv.1. ch.1.*
   Majoli dies caniculares colloq 13.p. 182. & 183, ex diversis authorib.
Strabo similia refert, l 3. à Polybio, & Plinius, lib.2. cap.97. & ex illo
Leander.
   Kircher. tom.1. mund. subterr. lib.5. sect 4. c.4. sub finem Edonis En-
husii fatidica, lib.3. p.22. Iá minera del mundo digio mi Bonardo, lib.1.
c.6. fol. 11.

Toutes ces diversités & oppositions d'é-
fets, dénotans les mêmes diversités & les
mêmes oppositions dans leurs causes, les
mouvemens du septentrion au midy & du
midy au septentrion des mers superieures,
donnent consequemment des marques convaincantes des mouvemens contraires qui
se font és mêmes tems dans les mers qui
s'étendent sous les concavitez de leurs lits.
Le mouvement d'Orient en Occident de
ces mers superieures sont les marques du
mouvement d'Occident en Orient des mers
qui leur sont directement inferieures ; &
les mouvemens qui dominent alternativement ou concurremment avec leurs contraires dans plusieurs mers superieures, sont
des signes infaillibles des mouvemens opposez qui dominent à leur tour dans un

ordre contraire fur les mers qui leur font diametralement fuppofées.

Des effets & des principes du mouvement d'Orient en Occident.

Les impreſſions des principes du mouvement d'Orient en Occident, & de ceux de fon renforcement, tels que peuvent être les Cieux, le Soleil, la Lune, ou autres Aſtres, * ſe font non feulement fur la circonference des Zones, fur lefquelles leur mouvement prevaut ordinairement au mouvement d'Occident en Orient; mais auſſi fur la circonference des Zones, fur lefquelles le mouvement d'Occident en Orient prevaut le plus fouvent, & où les impreſſions de ces principes du mouvement d'Orient en Occident, ſe font fur la circonference entiere, fur laquelle ils ne prévalent pas toûjours, ou feulement fur quelques-unes de fes portions.

* Il eſt bon de remarquer en cet endroit que le mouvement des eaux de l'Ocean, d'Orient en Occident, & fon renforcement peuvent être raportés aux mêmes principes des impreſſions defquels procedent la progreſſion des nœuds ou interfections de la ligne Ecliptique, par celle du cercle du cours de la Lune, comme auſſi aux principes defquels precedent les retrogradations des Planetes fuperieures ès tems de leurs oppoſitions au Soleil, ou celles de Venus & de Mercure ès tems de leurs conjonctions & fituations inferieures au Soleil, comme l'on y rapporte l'acceleration du mouvement d'Orient en Occident, ou diminution du propre mouvement d'Occident en Orient de la Lune ès tems de fes conjonctions & oppoſitions au Soleil.

L'action de ces mêmes principes fur les differentes fections de ces circonferences, étant proportionnée à la plus ou moins grande prolongation des lignes, par lefquelles elles font leurs impreſſions; ces differentes fections reçoivent confequem•

ment des impreſſions de ces principes d'autant plus fortes qu'ils leur ſont plus directement & plus prochainement appliqués, & d'autant moins fortes qu'elles en ſont frappées par des lignes plus prolongées & plus obliques.

Il reſulte de cette inégalité d'impreſſions que les eaux qui occupent les diverſes ſections de ces circonferences, ſont agitées par des vîteſſes & par des forces differentes, dans des differentes profondeurs.

Celles ſur les circonferences entieres, deſquelles prevaut le mouvement d'Orient en Occident, ſont mûës avec plus de force, plus de celerité & plus profondément dans les endroits qui ſont où ont été plus long-tems frappés par une impreſſion de leur principe plus directe ; & ſont mûës avec d'autant moins de force, moins de celerité, & moins profondément dans les autres endroits où elles ont reçû ces impreſſions par des lignes moins directes & plus obliques, pendant un plus long eſpace de tems.

Effet du mouvement d'Occident en Orient.

Mais les eaux qui rempliſſent les ſections des circonferences, ſur leſquelles domine ce mouvement d'Occident en Orient, ſont au contraire agitées d'un mouvement d'autant plus fort, plus vîte & plus élevé, que les impreſſions de ces principes du mouvement contraire, ſont plus indirectes, &

elles le font d'un mouvement d'autant moins fort dans toutes ces circonftances, que les impreffions contraires font faites par des lignes plus directes.

ARTICLE VII.

Des flux & reflux des mers.

CEs mouvemens contraires prévalans l'un à l'autre dans les diverfes parties des eaux des lieux fuppofés au même Meridien, dont les circonftances & les difpofitions les mettent en concurrence ; la fituation des principes du mouvement d'Orient en Occident, renforce autant le mouvement des eaux fur lefquelles fes impreffions dominent, qu'elle affoiblit celui des autres pofés fous le même Meridien, fur lefquelles leurs impreffions ne dominent pas.

Par parité de raifon le principe interieur du mouvement des eaux d'Occident en Orient, en renforce autant le mouvement dans les portions du Meridien fur lefquelles fes impreffions prévalent, qu'il affoiblit celui des eaux imbuës des impreffions contraires, fituées fous d'autres portions de ce même Meridien.

Ces mouvemens contraires prenans alternativement par leur plus grand renforcement, des avances fur les portions des voyes circulaires les uns des autres ; dans lefquelles portions leurs impreffions font

réciproquement contraintes , refferrées ,
réünies & renforcées par la rencontre de
leurs contraires , & par les circonftances
des tems & des lieux , paffent dans les mêmes circonferences de l'inégalité à la contrarieté , & mettent en certains tems & en
certains endroits les eaux qu'ils agitent en
concurrence par leurs concours aux mêmes
points , & leur font faire és mêmes tems
en d'autres endroits , & en d'autres tems és
mêmes endroits des diverfions par leur
éloignement & decours des mêmes points
vers deux autres points aufquels elles accourent.

Les inégalitez de ces mouvemens circulaires caufent des élevations dans les
eaux qu'ils regiffent aux endroits dans lefquels un mouvement vîte précedé d'un
mouvement plus lent en fait afluer davantage qu'il ne s'en écoule , & caufe des
abaiffemens dans ceux dans lefquels un
mouvement lent , précedé d'un mouvement plus vîte en fait plus écouler qu'il
n'en accourt.

Les contrarietez de ces mouvemens font
par leurs concurrences de grands amas
d'eau , qui fe repandent enfuite de toutes parts , ou qui font convertis par le conflit reciproque de leurs forces en des vaftes
circulations , par lefquelles ces eaux font
portées à une élevation d'autant plus grande que les cercles qu'elles décrivent font
plus éloignés du centre de cette circulation , & qu'elles font jettées par des Se-

midiametres moins obliques à des concavitez ou à des détroits qui s'étendent jufques
à la plus grande diftance, à laquelle elles
peuvent être portées par le plus fort de
leurs impreffions, & que ces concavitez ou
détroits font reduits en leurs enfoncemens
dans le continent d'une plus grande largeur de leur entrée à un efpace plus étroit
& plus refferré.

Ces mouvemens contraires reciproquement prolongez font par le détour ou par
le partage de leurs impreffions au-delà du
point de leur concours mis hors des concurrences qui caufoient leurs vaftes circulations & les grandes élevations de leurs
eaux, dont les amas font fucceffivement
divertis à des points & à des côtés opposés.

Ces inégalités & contrarietés des mouvemens & ces circulations generales & particulieres des eaux, font les caufes prochaines des grands flux & reflux, frequens &
ordinaires és lieux des mers moins éloignées
des côtez; ils font plus rares, ou moins
fenfibles dans les pleines mers, dans la
vafte étenduë defquelles les mouvemens
contraires fe feparans & s'écartans aux diverfes parts, font plus frequemment &
plus aisément mis hors de concurrence.

Les defcriptions precedentes de ces mouvemens differens & opposés, font affez
connoître que leurs principes confiftent
dans les differentes impreffions directes ou
obliques que les parties des mers exterieures & interieures, reçoivent diverfement

Voyage des P.
Iefuites à Siam,
liv. p 13 .hift.
Orbis marit.
lib 2 c p.Kir-
cher. tom. 1.
mund.fubterr.
cap 7.difquifit
6.p.144.

suivant la difference de leurs circonstances du côté de leur centre, ou du côté de leur circonference, soit dans la circulation, soit dans l'ascension descension ou expansion de leurs eaux, pour la conservation ou reparation de la proportion & de l'équilibre, de leur poids & de leur contre-poids.

C'est par cette proportion necessaire du poids & du contre-poids des eaux que les flux & reflux se font par tout en même tems sous un même Meridien.

Ces mouvemens reçoivent plusieurs modifications par les differentes dispositions du fonds des mers, situation, figure & autres circonstances de leurs côtés, & par les alterations ou concurrences de leurs impressions.

Mais l'étenduë & la profondeur de cette matiere qui renferme l'origine & toutes les causes éloignées & prochaines, generales & particulieres de tous les differens flux & reflux & courans des mers, engageroit à une longue digression, dont le détail qui écarteroit trop du present sujet, est remis à un Traité particulier, par lequel tout le mistere en sera clairement expliqué, & tous les secrets découverts.

[a] Les vents qui agitent quelquefois plus les mers dans leur profondeur que dans leur superficie, & qui s'élevent de leurs fonds dans les airs superieurs, [b] les grands feux lesquels sortans de leurs mêmes fonds se sont ouverts des passages à travers leurs ondes, [c] & les gouffres qui absorbent avec

[a] Fabritii Paduani de vétis, c.8. Kirch. tom. . mund. subterr. lib.4. sect.2 c 5.propofit.1. p. 202. & propof. 4. p. 205. & propof. 5. p 206. Feder.

Bonaventura supra Theophrastum de ventis. p 398. de vent. motu. p. 41.

b Voyage du Levant de Mr. Thevenot, ch. 68. Relation de ce qui s'est passé en l'Isle de S. Christophle du P. Fr. Richard, ch. 26. Kircher. tom. 1. mund. subterr. lib. 4. sect. 1. c. 5. p. 182. & 183.

c Fr. Baco hist. ventorum art. 8. n. 3. in subterraneis procul dubio magna existit aëris copia, eamque & expirare sensim, & emitti confestim aliquando urgentib. causis necesse est & n. 5. Inveniuntur in mari quædam loca ac etiam lacus qui nullis flantib. ventis majorem in modum tumescunt, ut hoc à subterraneo flatu fieri appareat. Item n. 8. & 9. Agric. de æstu & causis subterr. lib. 3. p. 37. cavernæ quibus maria sustinentur.

David Ps. 147. flabit spiritus ejus & fluent aquæ. Esdras, lib. 4. cap. 16. qui posuit in deserto fontes aquarum & super verticem montium lacus ad emittendum flumina.

les eaux marines, tous les autres élemens mêlez ou contigus, démontrent les regions de l'air & du feu inferieures aux mers, & les communications reciproques de leurs regions inferieures avec les superieures.

L'exposition des accidens des mers, doit être suivie de celle des sources qui en tirent leur origine.

Des principes & de l'origine des Sources & des Fontaines.

Il faut rapporter en cet endroit, ce qui est cy-devant ch. 2. de ce Traité extrait de l'Histoire de l'Academie Royale des Sciences de l'année 1703 où les autres opinions de l'origine des Sources & des Fontaines refutées, imparfaites, in-

La necessité d'un principe qui éleve les eaux de ces bas lieux aux éminences dont elles sortent & dont elles découlent, & la force proportionnée à cet effet, qui se rencontre dans cette faculté inferieure qui pousse les corps du centre à la circonference dont la verité a été établie, montre clairement la cause de l'élevation des eaux des sources & des lacs aux sommets des plus hautes montagnes dans cette faculté motrice, dont la nature pareille à celle des principes de l'impetuosité a été cy-devant remarquée.

naturelle & plus commune que l'on peut reconnoître dans celle en cet endroit.

Les observations generales de l'elevation des eaux par les flux des mers à des hauteurs prodigieuses , & d'autant plus grandes que la largeur des concavités aufquelles elles sont directement portées par leurs cours , est reduite par la longueur de leurs enfoncemens , dans le continent des terres à un espace plus étroit ; les fleuves & les vents dont la rapidité & la violence croissent d'autant plus que leurs voyes ou passages sont plus resserrées ; les bâles des armes à feu , les eaux ou l'air d'une Syringue parvenans à une distance d'autant plus grande que leurs calibres sont plus étroits, démontrent par les regles de proportion , que les effets gardent avec leurs causes dans des circonstances pareilles , ou plus convenables, le point auquel peut être porté l'effet de cette faculté motrice inferieure , dont les forces reduites & réünies d'une tres-vaste étenduë à un tres-petit espace , repoussent à la circonference les eaux des mers enfermées dans les concavités soûterraines ; & les contraignent par compression de se retirer , & de prendre leur issuë par les voyes par lesquelles elles trouvent le plus de facilité & le moins de resistance.

suffisantes , reduisent à la recherche d'une autre cause plus qui est rapportée

Voyage de Perse & des Indes de Th. Herbert p 154. 271. 552. 56 . hist. des Isles S. Christophle du P. du Tertre, p. 141. Liceti hydrologia, p. 91. *Voyage d'Edoüard Brouug en Hongrie ; p.* 77. *Ambassade de la Compagnie des Indes Oriental. des Provinces Unies ,* ch. 29 p. 114. & 283. Gilberti Philosoph. nova, lib. 5 cap. 2. *Histoire de la Societé Royale de Londres, fol.* 250 *Voyage de Pietro Dellavalle tom.* 1. p. 218 & *suivantes*

Ambassade des Hollandois en la Chine en 165 . p. 43. Joan. Fabry hydrograph. Spagiricum c. 6 . p. 288. Physica subterr· Joan. Becheri, lib. 1. sect. 2. c. 1. p. 5.

Hist. des singularités naturelles d'Angleterre & d'Ecosse par Mr. Childrey p. 151. 269. & 294.

Relation universelle de l'Affrique, tom. & l. 1. ch. 10. sect. 2. tirés de la description du P. Pays, p. 330. & 331. & l. 2. ch 5. sect. 5. fort. Liceti hydrologia. p. 129. 130. & 131.

Voyage des Indes de Mandeslo, p. 384. Novus Orbis de Laet. lib. 5. cap. 17. p. 255. Boyle suspiciones Cosmices in 8. p. 41. Simonis Majoli dies caniculares colloq. 130. de Fontib. & Lacubus 174. 175. 177. 190. 213. 217. Sillogis. Memorabilium Rodolphi Camerarii, centuria 1. art. 46. & 47. naturalis & moralis Ind. Occident. hist. lib. 3. f. 110. pars. 8. Indiæ Occident. fol. 48. Georg. Agricola de causis, & ortu subterr. lib. 1. pag. 11. ubi de aquis è mari &c.

Ces voyes se rencontrent dans des trous ou enfoncemens du fond des cavernes ou concavités soûterraines ou submarines des mers inferieures, où les eaux sont comprimées par une impression directe de la faculté motrice centrale, & poussées aux côtés opposés à celui duquel vient la compression.

Ces trous ou enfoncemens prolongés par des fentes ou canaux qui se resserrent ou s'étrecissent d'autant plus qu'elles s'éloignent davantage de leur principe, sont enfin terminés à la superficie exterieure, & aux éminences des montagnes par de petites ouvertures.

Les eaux poussées & élevées jusqu'à ces ouvertures par les forces de cette faculté motrice inferieure, sortent de ces lieux éminens avec d'autant plus de facilité que les circulations de ces mers soûterraines, ou celles des autres élemens interieurs, les poussent du centre à la circonference.

Tous les corps dirigés par leurs mouvemens, concourent d'autant plus à leur élevation que la force motrice contraire; sçavoir, la gravité a moins d'entrée de ces bas endroits par la petitesse de leurs ouvertures ; & ſes impreſſions ſont d'autant plus affoiblies au deſſous , qu'elles ſont plus étenduës & plus diſſipées dans la largeur de ces fentes & de ces ouvertures , qui s'agrandiſſent d'autant plus qu'elles approchent davantage du centre, & que la faculté motrice qui y procede du même centre , ſe trouve dans la rencontre de celle qui lui eſt contraire , moins conſommée & plus renforcée qu'elle par la proximité de ſon principe.

La diminution du poids des eaux des mers cauſée par la diſpoſition de leurs ſels dans les terres de leurs paſſages , les rendans moins ſuſceptibles des impreſſions de la gravité , apporte en quelques endroits de la facilité à leur élevation.

La portion des eaux repouſſées des lieux bas aux plus élevés , à laquelle l'étreciſſement de ces voyes ou de ces fentes , n'a pas permis de remonter juſques à ces ouvertures, ſe repand dans les cavernes ou concavités plus prochaines de la circonference exterieure qui ſont au deſſus de la region chaude de la terre.

De là elles ne peuvent être élevées qu'en vapeurs , parce que ne rencontrans pas és tems froids de l'Hyver dans les routes de ces concavités le froid neceſſaire pour la reparation de leur denſité , elles ne peuvent plus faire la matiere des ſources continuelles.

Elles font dans ces cavernes remplies des exhalaiſons de la region inferieure , la

matiere de plufieurs des meteores élevés
en l'air au deffus de la fuperficie de la terre,
fçavoir des pluyes , grêles & neges , dans
lefquelles ces vapeurs condenfées tombans
fubfequemment , groffiffent les eaux des
fleuves & des rivieres.

Les amas de tous les écoulemens dans
les lieux profonds ou dans des cavernes,
& leur imbibition dans les terres , donnent
la naiffance aux fources & fontaines imparfaites & fujetes à tarir.

Ces eaux des fources à celles des pluyes élevées par ces manieres , & mifes
hors de la contrainte , qu'elles reçoivent
par l'impulfion inferieure fe rendans enfuite par les pentes de la fuperficie des terres , dans les rivieres & dans les fleuves,
parviennent enfin dans les vaftes concavitez des mers fuperieures.

Grande partie de la matiere qui fait le
vafe des mers , depuis le fonds de leurs va-
fes , jufques à l'endroit de la fuperficie de
leurs côtez auquel elles parviennent , étant
un fable ouvert de plufieurs pores ou fif-
fures , grande partie de leurs eaux fe repandent dans les cavernes fuperieures ou
inferieures à la region de leur chaleur fi-
tuée fous les terres voifines de leur continent.

Cette quantité des eaux qui paffent fous
les terres du continent par cette tranfcola-
tion , n'a aucune proportion à l'abondance
de celles qui entrent continuellement dans
les mers par les embouchures de tant de

fleuves fi larges , fi profonds & fi rapides ,
qui raportent de toutes parts celles de
fources , & celles des pluyes ou des neges de quatre à cinq cens lieües ou d'une
plus grande étenduë de païs.

Mais la plus grande partie de ces eaux
qui s'infinüent par les côtez, paffant fous
la region chaude des terres (qui fe trouvent même dans les montagnes éloignées
beaucoup plus exhauffées que la fuperficie
des mers ,) au lieu de pouvoir être élevée en vapeurs , eft neceffairement reper-
cutée & repouffée en bas par l'action
de la chaleur qui lui eft fuperieure.

Quant aux autres eaux qui s'infinüent
par les endroits des côtez des mers fuperieures jufques à la region chaude du continent , elles ne peuvent par leur quantité
ni par leur difpofition fournir qu'à un
nombre mediocre de fources , & à la petite quantité des vapeurs des païs voifins.

Confequemment la matiere proportionnée à la multitude des fources & à l'abondance des pluyes des regions auffi vaftes
que celles par lefquelles les differentes mers
font feparées , y doit accourir par des
voies d'une étenduë , & d'une difpofition
plus convenables , telles que font celles des
mers foûterraines & elle y doit être pouffée ou portée de ces lieux inferieurs aux
lieux élevés par une force fuffifante.

De ces lieux élevés elles defcendent fucceffivement par la compreffion de leur

gravité jufques aux fleuves & enfin dans les mers, dont les fonds fe trouvent en divers endroits percez par des gouffres, par des concavitez ou par d'autres paf-fages d'autant plus étroits que leur progres les éloigne davantage de leur commencement.

Par cet étreciffement & refferrement les forces de la gravité réünies, furmontent reciproquement celles de la faculté qui procede du centre dans les lieux dans lefquels elles ne font point renforcées par aucune réünion ou dans lefquels elles font affoiblies par leur confomption ou par leur diffipation, ou bien dans ceux dans lefquels elles font contrariées par les impreffions des autres élemens.

Les fonds inexplorables frequens dans les mers & dans divers Lacs fituez fur des montagnes qui ne reçoivent aucune augmentation par les ruiffeaux qui y affluent continuellement ni par aucunes pluyes, & qui ne fouffrent aucunes diminutions par la chaleur & la fechereffe des faifons ; le nombre des gouffres qui engloutiffent leurs eaux, la multitude des courans qui fe rendent au plus profond des mers & aux concavitez fubmarines qui font les termes de leurs cours ; les flux & reflux de quelques mers fuperieures & de quelques fontaines qui fe font dans les tems oppofez à ceux des ordinaires, font tout autant de marques convaincantes des diverfes correfpondances que les

Le recüeil de toutes ces Obfer-vations eft à la fin de ce Trai-té

mers & congregations interieures des eaux & les exterieures conservent perpetuelle-ment ensemble.

Ces observations démontrent évidem-ment la verité des voyes que les mers ex-terieures prennent pour se repandre sous toutes les terres du continent, & celle de la force motrice qui éleve autant de leurs eaux à l'origine des sources qu'elles en reçoivent par les fleuves & par les pluyes, ou autres meteores, laquelle force est ne-cessaire pour maintenir un parfait équili-bre entre toutes les eaux soûterraines, & toutes celles qui paroissent sur la superfi-cie du Globe terrestre.

De la circulation des mers superieures & infe-rieures, & de la circulation de leurs eaux par les cours des Fontaines & des Fleuves.

Les mers superieures se déchargent ainsi par les entrées que leur donnent les ouver-tures ou enfoncemens de leurs bords ou de leurs fonds dans les cavernes soûterraines du continent ou dans le fonds des concavi-tez des mers inferieures de toutes les eaux que les fleuves, les rivieres ou les ruisseaux, les pluyes ou les neges leur apportent.

Ces reservoirs soûterains ou concavitez des mers inferieures reçoivent incessam-ment par ces voyes, toutes les matieres ne-cessaires pour fournir aux sources, aux lacs, & aux vapeurs des lieux les plus éloignez des mers superieures.

Par les voyes cy-devant expliquées des retours & reſtitutions reciproques des eaux des lieux ſuperieurs aux inferieurs, & des inferieurs aux ſuperieurs, en la même proportion qu'elles y accourent, procedent leur revolution, & leur circulation continuelles.

Par ces continuelles revolutions elles ſont retenuës dans leurs lits & dans leurs limites ordinaires, & maintenuës dans l'équilibre perpetuel neceſſaire à la conſervation de toutes les parties du Globe élementaire dans une parfaite diſpoſition.

Des differences des ſources.

Les differences des ſources dans leurs mouvemens & dans leurs qualitez, naiſſent de celles des lieux de leur origine ou de ceux de leur paſſage.

Des ſources qui n'ont aucune intermiſſion dans leur flux, & celles qui ont des flux & reflux conformes à ceux des mers & de celles qui les ont differentes.

Georg. Agricola de natura eorum quæ effluũt ex terr. lib.3.pag.128. 129.130. 131. Joan. Zahn.in ſpecula phyſico matematico hiſtorica & autres.

La plus éloignée de leur origine eſt dans les fonds des endroits des mers ſuperieures, ou dans ceux des inferieures qui ſe trouvent par leurs diſpoſitions à l'abri des viciſſitudes ordinaires des flux & reflux ; & leur plus prochaine origine, eſt dans des terres ſpongieuſes, poreuſes, ou entrouvertes par des fentes.

Leur

Leur premiere origine se rencontre dans les endroits des mers superieures, sujets aux flux & reflux ordinaires, ou dans ceux des mers inferieures, sujets aux flux & reflux contraires aux ordinaires.

La multitude & la situation de celles qui sont sujettes aux mêmes vicissitudes & aux mêmes accidens des mers superieures, en démontrent clairement l'origine ; mais le plus grand nombre des sources qui tirent leur origine des mers inferieures, ou du fond des pleines mers superieures ou de quelques autres endroits de leurs côtes, dont l'uniformité de mouvemens n'est alterée par aucune des inégalités, ou contrarietés qui causent les flux & reflux, ne sont que peu ou point sujettes à de telles vicissitudes.

[a] Celles qui prennent origine des cavernes ou concavités qui ont des communications avec les endroits des mers superieures sujets aux vicissitudes des flux & reflux, dont elles reçoivent les eaux, suivent les impressions, intermissions, ou autres accidens des mouvemens de ces mers, & ont consequemment des flux & reflux conformes aux leurs.

[a] Baccius de Thermis, lib. 6. cap. 23. p. 343. & 344. Paulus Merula memorabil. l 3. c. 3. hist. orbis maritim. liv. 2. c. 42. novus orbis de Laet. l. 7. c. 5. Becheri phis. subterr. sect. 2. c. 1 p. 51. Gilberti Philosoph. nova, lib. 5. c. 20. fol. 313.

Kircherii mund. subterr. lib. 5. cap. 4. p. 182. Scot. Anatom. fontium, lib. 1. c. 1. q. 1. ex plurib. autorib. Majoli dies caniculares, colloq. 13. p. 182. Iournal des Voyages de Monconis, p. 317. Cosmograph. de Thenet, liv. 7. ch. 14. fol. 234. Hist. naturelle d'Irlande de Girald Boete, sect. 3. fol. 103. Relation du Voyage d'Espagne, tom. 1 p 237. descrip. de l'Amerique de Denis, tom. 1. ch. 7. p. 190. Relation du Iappon de Fr. Caron, p 82. Ioan. Eusebii, hist. Natur. de mirabilib. Europæ, lib. 1. c. 61. & 62. fol. 409. nota que plusieurs de ces sources, fontaines, ou lacs, sont dans les lieux fort éloignés des mers, & même sur des montagnes & lieux fort élevés. Agricola aux lieux cités cy-devant.

G

b *Voyez les Auteurs ÿ-devant cités,* Kircher mūd. fub. terr. tom. 1. l. 3. fect. .c. 1. & o defquifit 10. p. 152. & fect. 3. c. 2. pag. 158. *Iacques l'unée des mouvemens de mers, fol. 2-. Voyage des pays Septentrionaux de la Martiniere, pag. 11. & 16. tom. 1. de l'Affrique, fuite de la 3. part. fect. 4. ch. 5. p. 35.* Joan. Herbinius de cataractis Differt. 1. c. 1 c. 16. & Differt 2. c. 3.

ᵇ Et celles qui ont leur principe dans les endroits des mers inferieures fujettes à des viciffitudes de flux & reflux contraires à celles des mers fuperieures, ont les viciffitudes de leurs mouvemens dans des tems opposés à ceux des mers fuperieures.

Ces conformités & difformités fe rencontrent également, dans les periodes journaliers, menfaux ou lunaires, femeftres ou annuels de leurs flux & de leurs reflux; ce qui fe doit entendre également de la multitude des Euripes ou Gouffres marins, qui ont les viciffitudes de leurs flux & reflux contraires à ceux de l'Ocean, referées par les fufdits Zahn. & Zeigler audit lieu.

Le mouvement circulaire dans lequel ces mouvemens contraires font fouvent convertis, donne à la fuperficie des eaux qu'ils agitent une élevation ou une depreffion plus ou moins grande fuivant leur proximité ou éloignement de la circonference ou du centre de la circulation.

Par de telles voyes les eaux font au tems de ces circulations, autant abaiffées dans les endroits prochains du centre de la circulation qu'elles font élevées dans les plus prochains de la circonference, & les Lacs & Fontaines, * qui tirent leur origine des uns ou des autres de ces endroits, font confequemment fujets aux mêmes differences dans les augmentations ou diminutions,

* *On ne peut pas tirer de la douceur des eaux des Fontaines, aucune induction contre*

eruptions ou regreſſions de leurs eaux. *leur origine des mers, puiſque les eaux qui s'é-*

levent même dans les creux faits auprès de leurs bords, dépoſent leurs ſels dans *les terrains par leſquels elles s'inſinuent.*

Majol. dies caniculares colloq. 13. de fontib. Schot. lib. 1. c. 1. §. 2. p. 16. Andreas Baccius de Thermis, p. 90. & 95. Rob. Boyle de magnetib. teneſtrib. Suite des Memoires de Mr. Bernier, p. 167. Relation du rappon de Fr. Caron, p. 29. Antigonus Cariſtius, c. 154. & 155. La minera del mundo del Bonardo, fol. 18. novus orbis de Laet. lib. 7. c 5. &c.

Il y a pluſieurs Fontaines, certains Lacs & certains courans, dont les changemens ne gardent point dans les intervales ou dans les differences de leurs cours les meſures des viciſſitudes des mouvemens des mers ſuperieures ni de celles des mouvemens des inferieures. *

** Les diverſes viciſſitudes de toutes ces Fontaines, dont les raiſons tirées de la mechanique n'ont pas été diſtinguées, ni expliquées en détail dans les endroits de l'Hiſtoire de l'Academie Royale des Sciences où il en eſt parlé ſc. au tôme de l'année 1703. p. 5. 64. & 65 ſont amplement & clairement expliquées, & diſtinguées dans les pages ſuivantes. mais ſi pour de telles explications, il faut (comme il eſt dit en la pag. 5. de ce tome) recourir à des ſuppoſitions, & à des hypotheſes aſſez violentes, & à des diſpoſitions trop exactes, & trop regulieres pour être naturelles, comment pourroit-on les apliquer vray-ſemblablement aux Fontaines dont les flux & reflux ſont conformes à ceux des mers, dont les ſources ſe trouvent ſur des montagnes tres-hautes & tres-éloignées des mers, telles que pluſieurs de celles dont le recüeil eſt mis à la fin de ce Traité, entre autres celle dont il eſt fait mention dans l'Hiſtoire Naturelle d'Irlande, ſect 3. fol. 103. de laquelle il eſt dit qu'elle eſt ſur une haute montagne éloignée de la mer.* In hybernia, in Comoglia fons eſt erumpens in montis cacumine longè à mari qui ſtatis temporibus ut mare ſingulis diebus æſtuat aquarum augmento & diminutione.

In comitatu d'Arbire dictus Tiſdnelel aquæ viſæ ſunt ſæpe aſcendere ut mare ſolet qui tamen 40 milliaria à mare diſtat. de ſimilib. fontib. Gilbert. in philoſophia nova.

Novus orbis ſeu deſcriptio Indiæ Occidentalis de Laet, l. 7. c 5. p 326. de fonte lympido eodem quo oceanus modo ſex horis creſcens & decreſcés etſi à mare longiſſimè abſit. *Autres pareils dont les relations ſeront ci après referées. On ne peut donc rapporter les viciſſitudes de ces fontaines, qu'aux mêmes cauſes des flux & reflux des mers; leſquelles il ſera demontré en ſon lieu, conſiſter principalement dans les deux facultés, ou principes contraires cy devant & cy après mentionnées, prévalans en divers tems & en divers lieux alternativement l'une à l'autre, ſuivant que les diſpoſitions, influences, & impreſſions des agens extérieurs & ſuperieurs, ont dans le cours de leur ſucceſſion plus ou moins de convenance & de proportion aux forces de l'une ou de l'autre.*

G ij

Ces fontaines, lacs & courans, prennent leurs mesures de la disposition particuliere des cavernes soûterraines desquelles elles tirent leur origine, & de la diverse
proportion des élemens qui y entrent, dont
les mouvemens se contrarient & se surmontent alternativement dans un tems plus ou
moins court.

Suivant cette diversité de la proportion
de leurs forces, ou de la diversité des aspects du Soleil, selon la difference des saisons & celle des jours & des nuits.

La disposition particuliere de ces cavernes plus ou moins grandes & profondes,
consiste dans la situation des ouvertures du
dedans de ces cavernes & de celles de leurs
dehors, par lesquels les eaux ni l'air qu'elles contiennent ne peuvent prendre leur issuë du dedans au dehors, que lors que la
superficie des eaux a été élevée à une certaine hauteur par leur accroissement ou par
l'impetuosité de leur chute ou par la compression de l'air superieur ou par celle des
vents qui y affluent.

Par ces circonstances l'effort de la gravité qui pousse les eaux au fonds de la concavité, étant surmontée, les eaux montent
par l'entrée de ces ouvertures, qui sont au
dedans de ces cavernes, & descendent par
la sortie du dehors de ces ouvertures jusqu'à
ce que cette contrainte ou compression des
eaux & de l'air étant affoiblie par leur érup-
tion, leur niveau est abaissé par leur gravité au dessous de ces ouvertures interieures

par lefquelles l'air & les vens ont alors la
liberté de leur iffuë.

Cette iffuë leur étant derechef ôtée par
le réhauffement & le retour des eaux, à la
même hauteur de leur fuperficie, au moyen de celles qui y entrent continuellement,
l'air fouffrant derechef une condenfation &
une compreffion violente dans ces concavitez par le réhauffement des eaux, & par
la continuation des vens qui y foufflent, dont
le paffage du dedans au dehors eft rebou-
ché, furmonte enfin comme auparavant,
l'éfort de la gravité par celui qu'il fait,
pour recouvrer fon étenduë naturelle, jufqu'à ce que fa force foit reduite par l'éru-
ption des eaux & des vens du dedans au
dehors à un degré moindre que celui de la
gravité.

C'eft à cette viciffitude continuelle dans
laquelle les forces de la gravité & celles
de la compreffion des eaux ou extenfion de
l'air, prévalent alternativement dans un
tems proportionné en fa durée, à la grandeur des cavernes, & à la plus ou moins
prompte affluence des eaux & des vens,
qu'eft regulierement conformée celle des
cours de ces Fontaines; ce qui fait que lorfque la viciffitude de ces caufes, reçoit du
changement & de l'alteration par la diverfité des tems & des faifons; celle de ces
cours qui en font les effets, en reçoivent
neceffairement à la même proportion.

La fituation & la figure des ouvertures
de ces concavités, ou cavernes par lef-

quelles les eaux de ces Fontaines intermit-
tentes , prennent leurs iſſuës dans les intervalles qui leur conviennent , ſont de
deux ſortes ; l'une eſt de ces ouvertures
qui ſont baſſes au dedans de ces concavitez , & hautes au dehors , ſans qu'elles
ayent que peu ou point d'inflexion , ou
qu'il leur ſoit neceſſaire d'en avoir pour
la ſucceſſion & pour l'interruption de leur
cours , telles que ſont celles aux intermiſſions deſquelles concourent les alternations,
cy-devant écrites des forces de la gravité &
de la compreſſion des eaux.

L'autre ſorte eſt des ouvertures , ou canaux d'une concavité recourbée en ſyphon
dont l'entrée eſt plus élevée au dedans que
la ſortie ne l'eſt au dehors , & dont la capacité peut donner iſſuë à une quantité
d'eau bien plus grande que celle qui y entre par l'affluence continuelle de la ſource.

Dans cette diſpoſition de ces ouvertures
le cours de ces Fontaines peut avoir au dehors des intermiſſions , des ceſſations , &
des repriſes par des intervalles de tems proportionnés à la grandeur de ces cavernes ,
& à la différence qui ſe rencontre entre la
quantité des eaux que ces ſources apportent à ces concavités , & à celles qui en
ſortent par ces ouvertures dans les tems de
leurs écoulemens.

Ces écoulemens commencent délors que
le niveau des eaux qui a été au deſſous de
l'entrée de ces ouvertures , eſt élevé par

leur accroiſſement à une hauteur qui ſur-
paſſe celle du ſommet de ces ouvertures re-
courbées.

Par cet écoulement d'une quantité d'eau
plus grande que celle qui revient au dedans de ces cavernes le niveau de leurs
eaux ſucceſſivement abbaiſſé au deſſous de
l'entrée de ces ouvertures, eſt ſeparée par
l'interpoſition de l'air de celles qui mon-
toient par ces mêmes ouvertures.

Alors ces eaux retombans dans la caver-
ne par la gravité, ceſſent de ſuivre celles
qui fluoient au dehors, & de fournir à leurs
cours juſques à ce qu'elles ſoient derechef
remontées par leur accroiſſement à une
hauteur qui ſurpaſſe celle du ſommet de
ces ouvertures, dans lequel inſtant elles
recommencent à monter par le dedans &
refluer par le dehors.

Ces abaiſſemens & exhauſſemens du niveau de ces eaux ſe faiſans dans une ſucceſſion perpetuelle, les ceſſations & les
retours de leurs flux ſe ſuccedent continuellement ; mais les mêmes effets pou-
vans proceder de differentes cauſes, les
differences des durées des intermiſſions &
des retours des cours de toutes ces Fontaines, peuvent auſſi provenir de la plus ou
moins grande circulation dont les eaux des
cavernes deſquelles elles prennent origine,
ſont agitées.

On peut comparer ces circulations à celles des diverſes roües d'un horloge, dont la
revolution eſt d'autant plûtôt achevée qu'-

elles font plus petites ; & fi ces roües
étoient d'une figure concave, & qu'il tom-
bât de l'eau peu à peu, ou goutte à goutte
dans leur concavité, elles ne jetteroient
leurs eaux au dehors, que lorfque le niveau en feroit monté à une certaine hauteur.

Les inégalités & les irrégularités des viciffitudes ou alternations des autres Fontaines dans le cours de leurs eaux, & dans
leur temperament en chaleur, froideur,
ou autres accidens, dans lefquelles alternations elles ne gardent de rapport qu'à la
difference des tems ou des faifons, ou à
celle des pluyes ou à celle de la direction
ou declinaifon des rayons du Soleil, à fa
préfence ou abfence, proximité ou éloignement, fuivant la diverfité des folftices ou
des équinoxes, ou fuivant celle des jours
ou des nuits, ou des heures de l'un ou de
l'autre, ou fuivant la difference des états,
tems & fituations de la Lune ou des autres
Aftres, doivent être referées aux caufes,
aux circonftances defquelles la varieté de
leurs accidens correfpondent.

Et le long intervalle de quelques-autres,
dont les intermiffions font de plufieurs mois
ou de plufieurs années, doit ou peut être
referé à la grandeur des cavernes & à la
petite quantité des eaux qui y accourent
pour le recueil fuffifant defquelles il faut
un efpace de tems auffi long.

Kicher mund.
fubterr. lib. 5.
cap. 3. fol. 240. La nouveauté de quelques Lacs & de
quelques autres Fontaines, & les abon-

dances ou cours des eaux extraordinaires
se doivent rapporter à des changemens
nouveaux des dispositions & des proportions de deux facultés motrices contraires,
& aux nouveaux chemins ou passages qui
ont été ouverts aux eaux poussées par la
faculté motrice qui vient du centre.

La plûpart des sources laissent les qualités qu'elles ont reçûës des mers dans les
terres, dans les sables ou autres corps propres à les retenir, qu'ils rencontrent dans
leurs passages aux cavernes soûterraines ou
dans leurs élevations aux sources.

Quelques autres sources passans par des
lieux qui n'ont pas les mêmes proprietés,
rapportent leurs salures ou autres qualités
des mers, dont elles tirent leur origine jusques au plus haut des lieux ausquels elles
sont élevées.

Les eaux minerales rapportent au dehors
les accidens, les qualités, & les esprits qu'-
elles contractent dans leurs passages ou dans
les reservoirs dans lesquels elles étoient
contenuës.

Ces varietés de dispositions & de circonstances des cavernes des eaux, des tems,
des saisons, des vents, de l'air, des vapeurs, ou des exhalaisons, des passages,
des terres, des reservoirs & des issuës, découvrent toutes les causes des varietés, des
intermissions & des autres mouvemens,
changemens & qualités, de toutes les sources.

Baccius de
Thermis, lib.
1.c.23. Georg.
Agricola, lib.
2.de causis &
ortu subterr.
eorum,p.32.

CHAPITRE IV.

Des signes de la constitution interieure du Globe terrestre tirés des accidens de l'air.

LES eaux répanduës dans la concavité generale du Globe terrestre, répoussées à la circonference par la faculté motrice qui procede du centre, jusqu'à ce que leur contre-poids soit reduit à une juste proportion & à un parfait équilibre avec le poids des eaux superieures poussées au centre par leur gravité, laissent necessairement un grand vuide dans la profondeur du Globe terrestre.

De la communication de l'air interieur du Globe terrestre avec l'air exterieur.

Annotatio-nes Federici Bonaventuræ in librũ Theo-phrasti de plu-viarum signis pag. 314. n. 15. aër spiritusque qui in terræ visceribus est, motus & pul-sus meatus terræ penetras. Item, pag. seq. 315.

L'air superieur trouvant plusieurs ouvertures & passages dans les parties de la terre ausquelles la secheresse naturelle & la multitude des pores, ne laissent que peu ou point de continuité, ni d'union, descend necessairement dans ces concavités interieures, par l'effort de sa gravité qui surmonte celui de la faculté motrice qui vient du centre, jusqu'à ce que la quantité de l'air introduit dans ces concavités interieures, puisse faire par l'impression reçûë de

la faculté motrice centrale, un contre-poids
fuffifant & proportionné au poids que la
gravité imprime à l'air fuperieur.

Des marques du temperament de l'air interieur.

Toutes les marques de la difpofition,
conftitution, temperament, mouvemens
& autres accidens de l'air interieur, & les
caufes de toutes les affections de l'air exterieur, fe trouvent dans les correfpondances des parties des regions de ces deux
Spheres d'air aux endroits de leurs communications reciproques, & dans la conformation de leurs qualités à celles des autres
élemens, lefquelles elles contractent dans
leurs paffages par leurs mêlanges, leur adherence ou leur contiguité.

Le difcours fur quelques proprietés de l'air, fait par Mr. Amontons, raporté dans l'hiftoire de l'Academie Royale des Sciences de l'année 1702. pag. 155. & fuivantes de la 2. part. fournit de grands éclairciffemens à ce qui en eft dit en ce Chapitre, & à tout ce qui eft établi dans les

autres, de l'ordre & difpofition de tous les élemens, les obfervations & demonftrations qui y font faites de l'augmentation exceffive de la gravité de l'air,
au cas qu'elle fuive la proportion de fes aproches, & proximité du centre de la
terre confirme par une voye particuliere deux points effentiels de ce Traité : Le
premier eft que paffé une certaine profondeur du Globe terreftre, les corps les
plus pefans feroient pouffés en haut par un air plus condenfé & plus appefanti.
Le 2. point, eft la neceffité d'une caufe interieure, laquelle paffé un certain endroit, & au delà d'une certaine profondeur, reduife par la rarefaction ce poids
de l'air à la proportion requife à fon entrée & paffage, par les ouvertures &
pores de la terre en la quantité convenable à fa liaifon & mixtion avec les
autres élemens, lefquelles fe faifans dans toutes les parties interieures de ce
Globe terreftre ne peuvent être referées qu'à l'action d'une caufe commune, qui
ne peut être convenablement placée qu'en un lieu commun & équidiftant de toutes fes parties qu'eft le point & les environs du centre, & laquelle caufe ne fçau-
roit être autre chofe qu'un feu central.

Dans cette correfpondance entretenuë
par la proportion du poids & du contre-
poids dans laquelle confifte l'équilibre de

ces deux airs, les parties de l'air interieur
s'approchent d'autant plus prés des terres
& des eaux interieures qu'elles font plus
groffieres & plus denfes, & s'en éloignent
d'autant plus par leur mouvement, tendant
au centre qu'elles font plus rares & plus
fubtiles, & qu'elles participent davantage
des qualités du feu mêlé par la nature dans
l'élement de l'air, ainfi qu'il l'eft dans les
autres élemens.

Tout ce qui fe détache par le flux & reflux ordinaire & naturel à l'agilité de ces
particules ignées, peu ou point pouffé à
la circonference, par le principe du mouvement qui refide au centre, eft reduit aux
environs du centre.

Les marques qui fe trouvent dans l'air
exterieur des difpofitions, conftitution &
mouvement de l'air inferieur confiftent.

I. Dans la temperature de toutes les regions de l'air fuperieure, & dans la de-
monftration des caufes de cette temperature.

I I. Dans la temperature de l'air que
l'on rencontre dans les cavernes & dans les
concavités des profondes mines.

I I I. Dans la variation & changement
du poids de l'air fuperieur.

I V. Dans la nature des vapeurs, des
exhalaifons, ou des autres fubftances qui
fe trouvent mêlées dans l'air fuperieur &
dans celui des cavernes ou concavités.

V. Dans tous les mouvemens ordinaires & reglés extraordinaires & déreglés de
cet élement.

ARTICLE I.

De la proportion de l'air exterieur avec l'interieur en denfité, rarité & temperature.

LEs proportions de l'air interieur & de l'air exterieur dans leur rarité & dans leur denfité , fubtilité & obtufité font la même diftinction de regions dans l'un que dans l'autre & la correfpondance que les diverfes regions de l'un gardent neceffairement avec les diverfes regions de l'autre , dans leur temperament , de même que dans la difpofition de leurs matieres , démontre fuivant le même ordre le temperament de l'un par le temperament de l'autre.

Le corps de l'air eft comme celui de l'eau & de la terre indifferent de fa nature à la chaleur & à la froideur , & participe plus ou moins de l'une ou de l'autre de ces qualitez fuivant le mélange , ou fuivant les impreffions des efprits , ou des fubftances étrangeres , ou fuivant la privation ou ceffation de ce mélange , & de celles de ces impreffions.

C'eft par cette raifon qu'en Efté ou dans les tems & lieux dans lefquels le Soleil agiffant fortement fur les terres en ouvre tellement les pores que les exhalaifons chaudes auparavant refferrées par la cloture de fes pores , en fortent abondamment.

Homerus & Plato loco phædonis fupra citato, in hunc hiatum omnia confluunt flumina atque inde rurfus effluunt fubfequenter. idemque facit aër feu fpiritus qui circa ipsũ verfatur , & ut Salomo dicit:in circuitu pergit fpiritus , & in circulos fuos revertitur.

Il se fait par cette voye un conflict dans la basse region de l'air exterieur avec les qualités ou émanations solaires, par lesquelles l'air exterieur est fort échauffé, & l'interieur fort rafraichi à cause de l'évasion qui se fait en même tems de ces exhalaisons des lieux soûterrains.

Le contraire arrive en Hiver & dans les tems & lieux froids dans lesquels l'activité du Soleil ne donnant aucune ouverture aux pores des terres, la basse region de l'air n'en peut pas recevoir des exhalaisons qui puissent exciter que peu ou point de chaleur par leur conflict avec les rayons du Soleil.

Ces exhalaisons ne trouvant alors que peu ou point d'issuë dans les cavernes ou lieux soûterrains, où elles s'accumulent par une affluence continuelle, y échauffent l'air par leur chaleur naturelle, ou par celle de leur effervescence.

De la froideur de la moyenne region de l'air.

Ces exhalaisons chaudes de leur nature ou propres à exciter la chaleur, ayant leur principe dans la profondeur des terres, sont d'autant moins abondantes qu'elles s'élevent davantage, & sont consequemment beaucoup plus rares & moins frequentes sur les montagnes & dans la moyenne region de l'air que dans l'inferieure.

Ces mêmes exhalaisons communiquent leur chaleur dans les vallées, ou l'y exci-

rent par une effervefcence qui ne peut pas
fe faire dans un air de la pureté de celui
de la moyenne region , qui eft auffi grand
fous la Zone torride que fous les autres ,
dans toutes lefquelles Zones cette pureté
rend l'air des plus hautes montagnes également froid & fubtil.

ARTICLE II.

Du temperament de l'air des lieux foûterrains.

C'Eft par l'épuifement que fait la force
de l'activité du Soleil de ces exhalaifons chaudes dans les pays les plus chauds,
tel qu'eft celui du Perou , & par le défaut
de cette effervefcence , qu'en defcendant
aux mines des métaux l'on rencontre un
long trajet d'un froid infupportable.

Ce froid ne fe termine qu'auprés de
leur fonds , où les exhalaifons frequentes
& abondantes par la proximité de leur principe , échauffent l'air par leur chaleur naturelle ou par celle de l'effervefcence qu'-
elles font avec les efprits ou avec les émanations terreftres , dont l'air de ces baffes
regions eft rempli.

Cet air du fond de ces mines conçoit par
ces raifons d'autant plus de chaleur que
leur profondeur approche davantage du
principe de ces exhalaifons.

Mais la propagation de ces exhalaifons

Georg. Agri-
cola de natura
eorum quæ
effluunt è ter-
ra , lib. 4. pag.
144. aër om-
nem locum
fubterraneum
ab aliis ele-
mentis & ex-
halationib. va-
cuum fua mo-
le compler,
fimplex non
eft ; fi diu fte-
terit conclu-
fus in caverna
putrefcit aquæ
inftar, in aëre
fubterraneo
exiftit varie-
tas frigoris ,
caloris, humo-
ris , & ficci-
tatis , &c.

& de cette chaleur ne peuvent par les mêmes raisons s'étendre dans les regions inferieures des terres, des eaux & de l'air,
dans lesquelles domine la faculté motrice
centrale, que suivant les mêmes proportions dans lesquelles elles se repandent dans
les regions superieures de ces elemens.

Il est par là aisé de conclure que l'air
grossier & impur enfermé dans les cavernes prochaines de la concavité generale,
contingu & prochain de la superficie interieure de cette grande concavité & que
l'air pur de cette même concavité dont la
region est autant éloignée de sa superficie
interne & convexe que la moyenne region
de l'air superieur, l'est de la superficie convexe du Globe de la terre, se correspondent suivant les mêmes circonstances par
de semblables dispositions & par de pareilles qualitez.

Federici Bo-
naventuræ an-
notationes in
opusculum
Theophrasti
de ventorum
signis, p.344.
montium so-
nitus locorum
quibus caver-
næ insunt vĕ-
tos magis mō-
strare solet,
exemplum ex
Aristotele in
Vulcani insu-
lis.
Fabius Padua-
nus de vento-
rum causis, c.
3. pag.8 quidam ex antiquioribus assignarunt causas ventorum & motus aëris in abysso profundissima terræ.

Juxta hanc loca cavernosa sunt & speluncæ latè patentes ; ex his igitur venti.

Jeremiæ, cap. 10. educens (sc. Deus) ventum de thesauris suis, David
ps.147. flabit spiritus ejus & fluent aquæ F. Baco locis citatis G. Agricola,
l.3. p.37. cavernæ quibus maria sustinentur.

ARTIC.

ARTICLE III.

Des signes du changement & variation du poids de l'air superieur.

L'Effet de la gravité sur l'air superieur est diminué ou affoibli comme il l'est sur les eaux, suivant que celui de la faculté motrice centrale est renforcé ou moins empêché, à cause des impressions qui lui font conformes, lesquelles sont opposées à celles de la gravité. *Federici Bonaventuræ de causa ventorũ motus peripatetica disceptatio, ubi de consensu Aristotelis & Theophrasti.c. 48. pag. 185. sub finé : Aër* natus est fieri gravis & levis, est enim ferè aër medium quoddam corpus inter gravia, & levia ut esse utrumque videatur, &c.

Hinc fit (inquit) ut non tantum sursum & deorsum, sed ut acutè Cardinal. Contarenus p. de elementis, in latus quoque feratur.

Ejusdem Autoris annotationes in opusculum Theophrasti de ventorum signis p.393. Infrigidato aëre externo pellitur spiritus ad interiora,qui internum aërem & concavitatum latera verberat, &c.

Les impressions qui font faites à l'air par les vents font de cette espece, & soit que leur mouvement se fasse circulairement autour des parties convexes de la moyenne region de l'air, soit qu'il se fasse par des lignes tangeantes de sa convexité, les parties de l'air s'éloignent d'autant plus du centre de la circulation qu'elles font plus fortement rejettées à la circonference ou au dehors de la circonference.

Les mouvemens de bas en haut des exhalaisons & des vapeurs communiquant leurs impressions à l'air dans lequel elles montent, renforcent de même d'autant

H

plus cette faculté motrice centrale, qu'ils affoiblissent la gravité, & les pluyes, les grêles, & les neges, laissans les espaces vuides qu'elles occupoient dans la moyenne region de l'air, celui d'en bas exclus par leur chute du lieu qui le contenoit, s'éleve des côtez du centre, à ceux de la circonference, & communique cette inclination autant opposée à la gravité qu'elle est conforme à la faculté motrice centrale, à toutes les autres parties de l'air qu'il rencontre dans son trajet.

C'est dans ces impressions contraires à celles de la gravité que l'on trouve les raisons de la diminution observée du poids de l'air dans les tems qui se couvrent, & qui se changent en vapeurs & en ceux des pluyes & des vents.

Les vents sont à l'égard des regions superieures, & inferieures de l'air, ce que les pluyes, & les neges, les sources, les rivieres, & les fleuves, les courans, & les mouvemens des eaux sont à l'égard des mers.

ARTICLE IV.

Des vapeurs & des exhalaisons, & leurs consequences dans la composition des vents.

LA matiere des vents qui sont comme les pluyes, les neges, & la grêle, des veritables meteores, consiste dans tous les corps propres à fe rarefier & à fe diffiper dans les regions de l'air en des vapeurs & en des exhalaifons differentes & abondantes, qui font plus ou moins fortes & actives, fubtiles, & penetrantes, fuivant la nature ou la difpofition des corps defquels elles fluent, ou fuivant l'efpece de la fermentation excitée par le conflict de celles dont les qualités font differentes ou oppofées.

Par de telles affections elles conçoivent de grands mouvemens qu'elles communiquent à toute la maffe de l'air dans laquelle elles font difperfées.

Ces matieres des vapeurs & des exhalaifons s'accumulent par leur abord, audeffus de la region de la chaleur foûterraine, par l'action de laquelle feule ou aidée de celle du Soleil ou de celle des influences de la Lune, étant refoluës & rarefiées elles s'ouvrent des paffages dans la terre, ou tranfpirent par fes pores.

Lorfque les amas de ces matieres fe trouvent enfermez dans les nuës au travers defquelles elles fe font par la violence de la rarefaction des ouvertures, elles prennent leurs cours aux côtez dans lefquels l'élevation des lieux leur fait moins de refiftance ou dans lefquels l'air fe trouve plus difpofé à les recevoir & à fe retirer ou condenfer pour leur faire place.

Ces matieres des vents fe font auffi fouvent par l'impetuofité qu'elles ont conçûës des ouvertures & des chemins de toutes

H ij

Et Federic. Bonaventura fupra eum plurimis locis. Idem de caufa ventorú motus, c 40. pag. 155. ventus eft multitudo exhalationis è terra afcendentis, & cap. 39. p. 151. exhalatio à frigore pulfa in terram cómigrat.

parts par lesquelles elles se répandent dans tous les environs de l'air dans lesquels elles trouvent de pareilles dispositions à les recevoir, ou dans lesquels elles ne trouvent pas une resistance suffisante pour les retenir.

Les vents produits par ces voies sont successivement sujets à divers changemens & à se combatre quelquefois, suivant les differentes dispositions, alterations, & contrarietez des exhalaisons qui font leurs matieres, & suivant les directions, inflections, reflections, refractions, diversions, & conversions, qu'ils reçoivent ou qu'ils souffrent des milieux dans lesquels ils s'étendent.

Tous ces mouvemens font prolongez dans une plus ou moins grande distance avec plus ou moins de violence & pendant un tems plus long ou plus court, suivant la quantité & qualité de ces matieres, suivant la force de l'activité des agens, & suivant les diverses dispositions & resistances des milieux.

Le correspondances de toutes les regions superieures des terres, des eaux, & des airs, aux regions inferieures des mêmes élemens, fait connoître que les mêmes meteores qui se voyent dans les uns, arrivent aux autres dans la rencontre des matieres des mêmes natures qui se trouvent dans les mêmes dispositions & dans les mêmes circonstances.

ARTICLE V.

De tous les mouvemens ordinaires, & regles
extraordinaires , & des regles de l'air
& des vents.

LEs qualitez dans lesquelles l'eau &
l'air simbolisent, & leur contiguité,
font voir que les vents sont à l'égard des
regions de l'air, ce que les sources , les
rivieres , les fleuves , les courans, & les
mouvemens generaux des eaux , sont à l'é-
gard des mers.

Les causes qui mettent en mouvement
les matieres dont les vents sont composez
sont differentes , les unes sont propres à la
region de l'air , telles que sont la chaleur
& la froideur ou les principes , dont par-
tent ces qualitez par lesquelles l'air & les
exhalaisons dont il est rempli conçoivent
des mouvemens de rarefaction, ou de condensation , & les autres sont communes à
cet element & à celles qui agissent sur les
mers.

Les regions superieures de l'air reçoivent comme les mers les impressions des
mêmes causes suivant les proportions &
suivant les differences de leur nature , &
suivant la diversité de leurs circonstances,
selon lesquelles ces deux elemens se les
communiquent reciproquement dans leur
mélange ou dans leur contiguité.

H iij

Federic. Bona-
ventura de
causa vento-
rum motus se-
cundũ Theo-
phrast. cap. 41.
pag. 157. ven-
tos oriri ut
amnium fon-
tes Item, Ho-
merus, & Pla-
to supracitato
loco, lib. 29.

Les regions de l'air superieur gardent suivant ces proportions avec les regions de l'air inferieur , toutes les correspondances, & toutes les differences dans leurs mouvemens , que les mers superieures & inferieures entretiennent continuellement ensemble.

Les mouvemens generaux & climatiques, ausquels l'air est sujet sous la Zone torride, sous les Zones temperées , & sous les froides , sont conformes à ceux des mers.

Ils se reconnoissent également par leurs effets , dans les navigations qui se font en beaucoup moins de tems sous la Zone torride d'Orient en Occident , que d'Occident en Orient , ce qui arrive tout au contraire sous les Zones temperées.

Ces mouvemens se rendent même sensibles,lors qu'ils ne sont point assoupis ou surmontez par une plus grande force des vents particuliers des lieux.

Les mouvemens climatiques de l'air des Zones froides & des lieux prochains des Poles , sont sujets aux mêmes alternations que les mers des mêmes climats & à des troubles & interruptions comme le font les mouvemens generaux par les vents particuliers des mers & des terres.

Mais les grandes rarefactions & condensations que les regions de l'air exterieur & les matieres subtiles dont elles sont mêlées , souffrent bien plus d'alterations que les eaux par la presence ou par les approches , l'absence ou l'éloignement du Soleil.

Cet Aftre les fait épandre en de longs
efpaces ou reftraindre en de fort étroits,
& contraint les airs exterieurs des diverfes
contrées à des mouvemens reciproques par
lefquels l'un fe rend dans l'endroit que l'autre lui abandonne, fuivant les differentes
fituations de ce même Aftre dans la diverfité des faifons, ou fuivant celles des jours,
& des nuits, foit que les matieres & les
qualitez interieures excitées ou reprimées
par cet Aftre concourent ou non à ces mouvemens.

Quoyque l'air des regions fuperieures
aux montagnes, & celui qui tient le deffus
des mers foit agité par les mêmes caufes
que les eaux des mers, néanmoins la vafte étenduë dans laquelle fon mouvement
eft diffipé fans aucun lit ni concavité qui
renferme ou qui réüniffe fes forces, & fans
aucun bord qui dirige fes impreffions, le
rend tres-peu ou point fenfible dans les endroits dans lefquels il n'eft point renforcé
par fa contiguité à quelques mers au deffus
defquelles fon impreffion ordinaire ne foit
point détruite par d'autres plus fortes.

Comme par le défaut de pareilles circonftances les mouvemens des flux, reflux &
courans des mers fi fenfibles dans leurs
côtez & dans leurs détroits, ne le font pas
dans les pleines mers, ceux de l'air le peuvent encore moins être dans la vafte étenduë de fes regions fuperieures.

Des proportions des vents & mouvemens de l'air exterieur avec ceux de l'air interieur, & de leurs differences.

Les proportions de tous ces mouvemens font gardez dans les regions de l'air inferieur qui correspondent à celles de l'air superieur, avec les mêmes differences cy-devant observées dans les mers.

Federic.Bonaventura de causa ventorum motus, secūdū Theophrastum, cap. 36. pag 143. ibi de principiorum libramento, & æquilibrio exhalationum, & cap.39. p.152. ubi de symmetria principiorum exhalationem componentium, & cap.41. p.158. cap.42. pag.159. de necessitate æquilibrii principiorum, & aëris circumductione. Item cap.44. pag.167. & pag.171. cap.46. pag.172. ubi de iis quæ leguntur, cap.18. beatissimi Job, qui fecit ventis pondus & aquas appendit, in mensura eodem cap.pag.175.& 176. ex R. Salomonis commentariis fecisse Deum ventis libramentum juxta vim seu potentiam ipsius terræ. Item, cap.47. pag.178.& 179. quæ omnia referri possunt ad prædicta Platonis, & Homeri. Omnia sursum deorsumque ferri veluti vase pensili quodam in terra posito, atque ita librato, ut utrimque vicissim inclinet atque attollat, & subsequenter idem facit aër & spiritus qui circa versatur, &c. juxta verba Sapientiæ, cap. 11. dispergi per spiritum virtutis ejus, sc. Dei, qui omnia in mensura, numero & pondere disposuit.....quoniam tamquam momentum stateræ sic est ante eum orbis terrarum.

L'une de ces differences est entre les forces des mouvemens d'Orient en Occident, & celles des mouvemens d'Occident en Orient.

Celles du premier de ces mouvemens prevalent beaucoup plus à celui d'Occident en Orient, sur l'air qui est au dessus des mers superieures situées sous la Zone torride, que sur l'air contigu aux mers inferieures situées sous les mêmes Zones sur lesquelles les forces de son contraire prevalent d'autant plus qu'il est plus prés de son principe.

L'autre difference fe rencontre dans les mouvemens climatiques des airs fuperieurs aux terres ou aux mers des Zones froides, ou Polaires, dont ceux qui viennent des Poles dénotent dans l'air comme dans les eaux des regions inferieures, le mouvement tendant aux Poles, & le mouvement de l'air des regions fuperieures aux côtez des Poles, démontre le mouvement de l'air dés regions inferieures aux côtez oppofez aux Poles.

Les vents aufquels font fujets plufieurs contrées des terres & des mers, lefquels font dans l'air, ce que les courans font dans les mers, reçoivent plufieurs differences, fuivant lefquelles ils font referez à diverfes caufes, dont les unes font prochaines & les autres font plus éloignées.

Ces differences des vents confiftent dans la diverfité des circonftances, des tems & des lieux, & dans celles de leurs cours.

Il y en a d'anniverfaires, continuels ou feulement fujets à des petites interruptions; Il y en a de femeftres, d'autres trimeftres, d'autres journaliers, & quelques-uns qui ne foufflent qu'à certaines heures, il y en a dont le cours eft d'Orient en Occident, d'autres dont il eft d'Occident en Orient, d'autres du Midy au Septentrion, & d'autres du Septentrion au Midy, & d'autres qui font mêlez ou compofez de ceux là, ou qui font moindres entre-eux.

De toutes ces fortes il y en a qui font changeans & convertis en d'autres tems

ou en d'autres faifons en leurs contraires,
dont le cours eft d'une durée & d'une étenduë égale, moindre ou plus grande, il y
en a dont les cours font conformes à ceux
des courans des mers & d'autres qui font
differens ou qui leur font contraires ; il y
en a qui fe conforment au cours du Soleil,
& d'autres qui fe conforment à celui de la
Lune, les uns commencent & font ordinaires à certains païs ou à certaines mers,
& d'autres font propres à d'autres païs &
à d'autres mers.

Les caufes des vents anniverfaires & continuels de certains lieux des terres & des
mers, qui ne font que peu ou point fujets
aux mouvemens generaux ni aux climatiques, fe rencontrent dans les differentes
proportions des forces du poids de l'air fuperieur, & de celles du contre-poids de
l'air des concavitez inferieures, par lefquelles differences ils prevalent l'un à l'autre
dans des differens endroits.

Ces differences confiftent dans la diverfité de leurs entrées, dans celle de leurs
voies & de leurs autres circonftances, au
moyen defquelles les forces des impreffions
de la gravité par lefquelles l'air des regions
fuperieures eft pouffé en bas, & celles de
la faculté motrice centrale par lefquelles
l'air des concavitez foûterraines eft pouffé en
haut, font alternativement réünies & au-
gmentées.

Au moyen de ces caufes & de ces circonftances, ces impreffions contraires faifans

alternativement prévaloir dans ces differens endroits le poids des airs superieurs & le contre-poids des airs inferieurs, il se fait par les ascensions des uns & les descensions des autres, des communications continuelles entre-eux, pareilles à celles qui se font entre les eaux des regions superieures, & celles des concavitez soûterraines, dont procede la circulation perpetuelle des eaux des mers aux sources & des eaux des sources aux mers, & c'est d'une circulation des airs pareilles à celle des eaux que prennent leur origine les flux des vents continuels ou anniversaires de certains lieux.

Cette cause generale concourt avec diverses autres causes plus particulieres à la generation, aux progressions, & modifications de tous les autres vents.

Les causes particulietes & prochaines des vents semestres & trimestres se rencontrent dans la constriction violente de l'air qui se fait és lieux soûterrains des grandes contrées, lors que tous les pores du dehors sont reserrés par le froid de la saison.

L'air de ces lieux se trouve alors rempli des vapeurs & des exhalaisons qui y sont montées abondamment des lieux inferieurs, lesquelles sont ensuite échauffées & excitées à une grande rarefaction, par leur conflit lors que les pores de ces lieux soûterrains étans ouverts par les approches du Soleil dans les tems & dans les saisons qui succedent, donnent une issuë libre à cet amas d'air, de vapeurs, & d'exhalaisons.

C'eſt par ces moyens & par ces voies, que les amas de ces matieres diſſipées en ſouffle & en vent, affluent inceſſamment ou par petits intervalles aux côtez vers leſquels ils trouvent moins de reſiſtance, avec une force & dans un tems & par un eſpace proportionné à la quantité & à la qualité des matieres contraintes & congrégées & à la violence qu'elles ont ſouffertes, juſqu'à ce-qu'elles ayent repris l'extenſion convenable à leur nature, à la chaleur qu'elles ont conçûë, & à celle qui leur doit reſter aprés l'évaſion de la ſurabondance de ces exhalaiſons.

Mais lors que l'air de ces lieux ſoûterrains évacué & épuiſé par la rarefaction exceſſive qui en a été faite par le concours de la chaleur interieure des concavitez ſoûterraines, les cauſes de ſon extrême rarefaction ceſſans par l'éloignement du Soleil dans ſon retour aux autres climats, & par l'évacuation des exhalaiſons qui alteroient ſa nature, ce même air reprenant ſon état naturel, eſt reduit de la grande étenduë qu'il occupoit dans un fort petit eſpace.

C'eſt par cette reduction que cet air reprenant ſon precedent état, & faiſant place à celui qui eſt étendu & rarefié dans les climats où le Soleil eſt retourné, auquel une eſpace beaucoup plus grand que celui qu'il occupoit, eſt neceſſaire, s'étend & prend ſon cours par un mouvement contraire à celui du precedent vers le côté dans lequel l'air, & l'autre climat ſe reſſer-

rant , lui cede la place par sa condensation.

Les contraintes & resserremens de ces
amas d'air, de vapeurs , & d'exhalaisons, se
font en plus ou moins de tems , suivant
leur plus ou moins grande abondance , ou
les plus ou moins promptes affluences , &
suivant la plus ou moins grande capacité
des concavités qui les reçoivent.

Ces amas se font des jours & des passages par les bords & par les endroits les
plus foibles , d'autant plûtôt , & d'autant
plus nombreux ou plus grands que ces
exhalaisons ou vapeurs sont plus subtiles
ou plus fortes, & qu'elles se trouvent en
plus ou moins de tems reduites dans une
contrainte dans laquelle elles souffrent plus
de violence , que les corps qui leur font
obstacle n'en supportent par les passages
qu'ils leur donnent.

Par ces ouvertures elles sont plus ou
moins-tôt épuisées suivant qu'elles ont été
resserrées dans les concavitez en plus ou
moins grande quantité , ou suivant que
leur flux se fait avec plus ou moins d'a-
bondance ou de celerité , ou par des pores ou autres voies d'une nature ou disposition plus ou moins propres à être resserrées par les circonstances du tems ou
des lieux , ou suivant que la resistance des
terres à s'entrouvrir pour leur donner issuë
devient en plus ou moins de tems , plus
grand que n'est la force de cet amas
d'air, de vapeurs & d'exhalaisons à se faire
des passages suffisans.

C'eſt de la diverſité des limites dont les circonſtances ſont terminées que naiſſent toutes ces differences des intervalles des flux de l'air pareils à ceux de pluſieurs fontaines, & c'eſt à l'éloignement extrême des bornes ou limites de ces mêmes circonſtances qu'il faut attribuer les longs intervalles de ces vents violens qui n'arrivent & ne reviennent qu'aprés le cours de pluſieurs années comme de ſept ans en ſept ans, ou de dix en dix ans dont les matieres convenables, & neceſſaires pour remplir la grandeur & la profondeur des concavitez qui les renferment, ne peuvent être ramaſſées que dans un tel nombre d'années, dans une denſité telle qu'elle eſt neceſſaire pour reduire tout l'amas qui s'en eſt formé dans une contrainte qui leur donne la force de mouvoir ou de rompre les obſtacles de la plus grande reſiſtance.

Au moien de ces ruptures ou fractures des cavernes ou concavitez, les matieres ſe rarefians ſortent avec une violence proportionnée à la force par laquelle elles ſe ſont fait ou ſe font des ouvertures & des paſſages, à la quantité & denſité dans laquelle elles ont été congregées & à la diſſipation qui en eſt faite par la rarefaction par laquelle la nature ignée ou alterée des exhalaiſons recouvre l'étenduë qui lui eſt convenable, & excite tout l'amas dans lequel ces exhalaiſons ſont mêlées aux mêmes mouvemens.

Les differentes alterations que les matieres reçoivent aux differentes heures du jour ou de la nuit , dans les situations differentes ou oppofées des terres élevées fur les eaux ou des fonds des mers diverfifiés par des inégalitez pareilles à celles de la fuperficie des terres , font fucceder aux vents qui ont precedé des reflux d'air ou des vents opofez de pareilles ou de differentes forces ou durées.

Ces differences naiffent de celles de leur nature & de leurs difpofitions ou de celles des milieux par lefquels ils continuent leur cours d'Orient en Occident , ou d'Occident en Orient , du Midy au Septentrion & du Septentrion au Midy , ou d'autres termes à d'autres termes moyens entre les cardinaux , fuivant les fituations des lieux defquels ils tirent leurs principes & leur origine , & fuivant celles des lieux dans lefquels ils trouvent plus de facilité & moins de refiftance à leur accez & à leur progrez.

Ces termes de l'origine & de la fin des vents qui font quelquefois differens ou oppofez à ceux dont les courans tirent les leurs , & les differentes natures de l'air & de l'eau , qui rendent l'un & non l'autre fufceptible de rarefaction & de condenfation , rendent affez fouvent le flux de l'air dans lequel confifte le vent different ou contraire au mouvement des courans.

Leur participation plus ou moins grande des qualitez ou influences du Soleil ou de celles de la Lune , conforme plus ou moins leur cours aux situations ou affections de l'un ou à celles de l'autre de ces Astres.

Les flux ou mouvemens d'air de toutes ces especes, proprietez & circonstances differentes, se rencontrent en differentes regions ou contrées, & en differentes mers, suivant les convenances de leur nature, & de leurs dispositions, avec celles des uns ou avec celles des autres de ces vents, & la concurrence de plusieurs vents differens & contraires aux mêmes endroits, produit dans l'air des tourbillons en la même maniere que la contrarieté des courans cause des circulations dans les eaux.

Les petites interruptions qui separent ordinairement les frequentes réprises des vents, procedent de l'accroissement des forces des impressions contraires, faites aux lieux de l'origine ou des milieux du passage des vents ; ces impressions contraires étant arrêtées durant le flux de ces vents, leurs forces se ramassent & se receüillent pendant ces interruptions jusques au point auquel elles peuvent égaler ou balancer les impressions ou resistances contraires.

Ce balancement ne dure qu'autant de tems qu'il en faut aux vents pour surmonter cette resistance & en dissiper les contrarietez par un plus grand accroissement qui se fait de leurs forces pendant cette interruption.

Des

*Des conſequences tirées des vents, confirma-
tives de la verité des regions de l'air interieur du Globe terreſtre.*

Les grandes cavernes ou concavitez des
montagnes dans leſquelles ſont les reſervoirs de ces matieres ſpiritueuſes, en ſe-
roient bien-tôt épuiſées par la grande éfu-
ſion qui s'en fait par les vents qui deſcendent de ces lieux éminens dans les plaines &
dans les valons, & qui ne refluent jamais aux lieux de leur principe, ſi le fonds
n'en étoit réparé par une pareille quantité
de celles qui y ſont élevées des baſſes concavitez.

Il en eſt de même de toutes les matieres qui entrent dans la compoſition des
vents marins, qui s'étendent juſques à
quinze ou vingt lieues dans le continent,
& ſe confondent dans les airs ſuperieurs
aux terres, comme ceux des terres qui
s'avancent dans les mers & qui ſe perdent
dans les airs ſuperieurs aux mers.

D'ailleurs la maſſe de l'air ſuperieur aux
terres & aux mers, ſeroit en peu de
tems élevée juſques aux Aſtres par ces ac-
croiſſemens, ſi les flux par leſquels il deſ-
cend ſi frequemment & ſi abondamment des montagnes, avec les vapeurs &
les exhalaiſons dont il eſt mêlé, ne trou-
voient des voyes & des chemins dans les
endroits enfoncez, pour retourner aux
concavitez de leur premiere & plus an-
cienne origine.

Par ce retour à ces concavitez, & de ces concavitez generales aux cavernes, ou concavitez particulieres des montagnes, il se fait une circulation continuelle de l'air des regions superieures, & de celui des regions interieures, pareille à celle qui se fait des eaux des sources aux mers, & des eaux des mers aux origines des sources.

De la circulation de l'air, & des exhalaisons.

La verité de cette circulation de l'air & de celle des exhalaisons, & des matieres subtiles, qui entrent dans la composition des vents, est évidemment reconnuë par les observations du principe qui en est inseparable, faites par les Ouvriers qui travaillent aux plus profondes mines des métaux.

Ce principe consiste dans l'élevation qui se fait de ces matieres venteuses des lieux qui sont inferieurs aux fonds de ces mines au dessus des terres, par le sentiment desquels mouvemens les Ouvriers prévoient tous les changemens qui arrivent subsequemment dans les regions de l'air superieur.

Fotr. Licetus de centri natura, secundū Aristotelem p. 30. verba Aristotelis: Fluere necessarium est omnem in circuitu aërem &c. Salomon: In circumitu pergit spiritus, & in circulos suos revertitur.

Theophrastus, seu commentarii in ejus Tractatum de ventis. Federic. Bonaventuræ de causa ventorum motus, pag. 7. & 29.cap.1.& 6. & pag.182. & 183. cap.48. Aër habens in se principium levitatis & gravitatis secundùm Averroem. com.30.4.de cœlo, cum gravi effici graviorem, cum levi leviorem, &c. Georg. Agricola, de ortu & causis subterran.lib.2. pag.33. Morinus de ratione locorum subterr. p.135. & 136 Federic. Bonaventuræ in annotationib. de ventorum signis, p.394. ex Theophrasto textu.30.pag.13.Terræ intestina præsagiunt tempestatem.

Theophrast.de ventis G.Agricola de natura eorum quæ effluūt è terra lib.4.p 144.& 150.ubi de exhalatione sub terra congregata & de montibus tumultuosis,lib. 4. pag. 144. & 150. Joan. Zahn. specula matematico historica.

Les vents qui fortent inceffamment des
cavernes que l'on trouve dans divers lieux,
ceux que l'on excite toutes les fois que l'on
jette des pierres dans certains abîmes , &
ceux qui y accourent ou qui y font ab-
forbez , ou qui s'imbibent dans les terres ,
& dans les eaux , font des demonftrations
fenfibles de toutes ces matieres , qui entrent dans la compofition des vents.

La quantité de ces matieres fubtiles fuf-
fifantes & neceffaires pour fournir aux vents
des terres & des mers de toutes les contrées du monde , démontre leur immenfité,
& l'immenfité de ces matieres confirme
la verité de la concavité generale par fa
proportion aux chofes qui y font contenuës.

Les correfpondances de ces matieres du
dedans à celles de dehors du Globe terreftre qui entretient celle de tous les accidens des terres & des eaux interieures avec
tous ceux des terres & des eaux exterieures,
fait connoître que tous les mouvemens de
l'air & de toutes ces matieres fubtiles dont
il eft mêlé, enfermées dans cette concavité,
regnent fur la fuperficie interne , comme
ils le font fur la fuperficie exterieure , avec
la feule difference qui fe rencontre entre
les mouvemens de ces eaux internes &
ceux des eaux exterieures dans l'oppofition
des termes de leurs principes & de leurs fins.

fontes funt qui, fi ferenum fit cœlum leviter ac modicè fluunt, at fi nubi-
lum fit, fluunt largiter, ut Leander tradit, quod fereno cœlo fpiritus unde aqua manat non adeò impellatur ad exitum ficut nubilo cœlo quo meatus obftructiores funt eod. colloq. p. 193. apud Volaterram fons eft ex
quo deprehendas futuras pluvias fi altè faliat, falit enim ufque ad 10.
pedes & amplius, at fi lenius fluat & minus altè faliat, deprehendes fere-
nitatem futuram. **Leander.**

La diminution du poids de l'air dans les tems venteux & pluvieux, fon au-
gmentation dans les tems fereins, le retardement du mouvement des pendules
dans les tems & les lieux les plus chauds, & fon acceleration dans les plus freids,
fuivant plufieurs obfervations, & diverfes relations font des remarques de pa-
reils effets des correfpondances de ces matieres aëriennes ou fpiritueufes, du de-
dans du Globe terreftre avec celles du dehors.

Les Relations de la fin de ce Traité de certains endroits, puits ou cavernes
dont l'air entre ou fort, fuivant la varieté des tems & des faifons, nous dé-
couvrent les caufes de certains vents particuliers conformes aux precedents.

❧❧❧❧❧❧❧❧❧❧❧❧

CHAPITRE V.

Des fignes de la fituation, difpofition,
& mouvemens du feu internè du
Globe terreftre, tirez des difpofi-
tions & des mouvemens des autres
élemens & de celles des flux exte-
rieurs.

De la fituation du feu au centre de la terre.

Deuteronom.
c. 31. Ignis ar-
dens ufque in
infernum. *Ef-*
dras, lib. 4. cap.
16. Ignis fuc-
cenditur & nõ
extinguetur
donec confu-
mat fundamẽ
ta terræ. *Re-*
gum, lib. 3. c.
19. Spiritus

LES élemens de l'air, de l'eau & de la
terre, étant pouffez par les deux facultez contraires de la circonference au
centre, ou du centre à la circonference,
plus ou moins à proportion de leur plus
ou moins grande denfité ou rarité; les
plus materielles également pouffées par les
impreffions de l'un & de l'autre font reduites dans les efpaces dans lefquels ces

deux facultez se rencontrent d'égale force, & les moins materielles qui sont expulsées de ces endroits par celles qui y sont plus fortement poussées, sont contraintes de se retirer au dessus ou au dessous, dans les vuides qui leur sont laissez, & de s'y partager dans une quantité dans laquelle celles de l'un & celle de l'autre de ces endroits opposez se trouvent dans une proportion réciproque aux impressions qu'elles y reçoivent de l'une & de l'autre de ces deux facultez motrices contraires.

Par ces proportions d'impulsions & d'expulsions, les substances étherées & ignées étans moins materielles, sont moins poussées aux points de l'égalité des forces de ces deux puissances motrices contraires, que tous les autres corps, & n'étans pas plus repoussez au-delà par l'une que par l'autre, elles sont partagées en deux situations, l'une au dessus, & l'autre au dessous de tous les autres élemens, dans une proportion dans lesquelles elles gardent entre-elles un équilibre pareil à celui que les autres élemens conservent dans la separation & disposition de leurs parties.

De plus les proportions en subtilité & en activité des principes & des sujets réquis & necessaires à ces deux facultez motrices ne se rencontrans en aucun des autres élemens, resident consequemment dans ces matieres ignées & étherées, au moyen desquelles les vertus de ces facultez sont

I iij

subvertens montes, post spiritum commotio, post commotionē ignis.
G. Agricola de cauſis & ortu subterr. lib. 4. pag. 76. Calor propriis motibus elementū aliud ab alio depellit, ex Alberti sententia calor densat.

repanduës & communiquées à tous les autres corps.

Ces substances ou matieres ignées &
étherées n'étant poussées par aucun autre
du centre à la circonference ni de la circonference au centre , occupent necessairement le dessus & le dessous de tous les
autres élemens.

Une partie reside dans les espaces ou
region des substances étherées , ou dans les
Cieux dans lesquels ce qu'il y a de plus
actif qui compose le Soleil est conforme
en Globe par le mouvement des flux &
reflux continuels de son atmotsphere formé en Globe à la convexité duquel est
conformée la concavité de l'air.

Par ces noms ou mots de facultés , & les sujets dans lesquels elles resident , on ne doit entendre autre chose que les principes des mouvemens des Atmotspheres des corps fluides & consistans , vivans ou non vivans ; dont l'illustre Mr. Boyle a fait des si dignes Trai- tés des observa- Ces noms de facultez & l'indication
de leurs residences dans les matieres ig-
nées , ne donnent par une idée si claire de
leur nature ni de leurs principes de même
genre , que ceux des Atmotspheres., qui
conviennent à tous les corps , dont l'explication & la connoissance enferment celles
de la gravité , legereté , impetuosité de
l'adherence , & inadherence de tous les
corps & de tout ce qui est appellé attrac-
tion , impulsion & expulsion , sympathie
& antipathie.

tions , desquels on peut tirer convenablement la consequence de la vie naturelle de tous ou de presque tous les corps conformement aux remarques , de l'histoire de l'Academie Royale des Sciences de l'année 1700. p. 68. de la 1. Partie , où il est dit que les coraux & champignons de mer sont visiblement des corps orga- nisés , quoiqu' ls paroissent plûtôt de veritables pierres que des plantes. La gene- ration y est expliquée en la p. 69. suivante, laquelle il est dit pouvoir être aux au- tres plantes pierreuses de mer , & même aux veritables pierres , lesquelles ont une structure organique , p. 50. & (p. 222. de l'an 1702.) vegetent comme les plantes & les animaux.

Mais l'importance & l'étenduë de ce
sujet demandent un discours particulier,
lequel pouvant écarter celui dont il s'agit
icy à une trop longue disgression , est re-
servé à un traité particulier des atmospheres de tous les corps.

Le mouvement étant une proprieté d'autant moins separable des corps qu'ils sont
materiels , & qu'ils sont plus subtils & plus
actifs , & la situation des deux parties de
ces matieres ignées & étherées dans le ciel
& dans le centre du Globe élementaire ne
leur permettant que le circulaire , dont la
perfection se rend le plus convenable à l'element le plus simple & le plus parfait ; ces
matieres ignées font necessairement par ce
mouvemét circulaire dans la region des unes
& des autres, une revolution autour de leur
axe d'une celerité pareille ou proportionnée à la dimension de leur circonference.

Federic. Bonaventuræ de causa motus ventorum, supra Theophrastum, cap. 7. p. 36. Motum ignis in furno circularem esse, & cap. 50. pag. 192. & 194. Causa efficiens divina circulatio, ex Averroe, de motu circulari, vel circulari simili, & circa centrum, ex Olympiodoro, exhalationem

præstantiorem cœlestia imitari & circularem motionem , ex physiologia
nova experimentali de Stair, exploratione 6. sect. 3. de igne pag. 323. 324.
& 325. ubi de ignibus subterraneis eorumque perpetuitate n. 48. & 51.
Ignis sua rotatione expellit aërem, ignis rotando suos aculeos undequaque erigit, sua se rotatione in globulos glomerans, &c.

L'un & l'autre de ces feux du dessus &
du dessous de tous les autres élemens , retiennent dans leur revolution toute la conformité convenable à leur commune nature , & la revolution du Soleil se faisant d'Orient en Occident dans la partie
qui regarde la terre , & d'Occident en
Orient dans celle qui regarde les étoiles
fixés ; la circulation de toutes les parties

de cet Aſtre conſervant la même revolution, ſe feroit d'Occident en Orient dans
le centre du Globe terreſtre, s'il y étoit
tranſporté.

Conſequemment la revolution de toute
la circonference du feu ou du ſoleil terreſtre, qui conſerve par la conformité de ſa
nature une parfaite correſpondance avec
le Soleil, ſe fait autour de ſon axe d'Occident en Orient aux environs du centre
qu'il occupe.

Cette impreſſion eſt communiquée à
l'air qui lui eſt contigu, lequel l'imprime aux eaux interieures par leſquelles elle
parvient juſques aux élemens exterieurs de
l'eau & de l'air où elle combat les inclinations ou impreſſions contraires, par
leſquelles ces élemens ſont retenus ou re-
volus au côté oppoſé.

Les forces de cette impreſſion ſur toutes les parties unies & ſolides du Globe
terreſtre, compenſans par leur égalité celle de l'impreſſion d'Orient en Occident,
le maintiennent dans la ſituation qu'il gar-
de tant à l'égard des élemens ſuperieurs,
que des ſubſtances celeſtes.

Confirmation de la verité du feu central.

La verité de la ſituation du feu dans le
centre de la terre, eſt apuyée de l'autorité de Pytagore, de celle de tous les
Platoniciens, & de celle de tous ces Philoſophes Empiriques, communement nommez Chymiſtes.

mat fundamenta terræ, l.3. *Reg.* c.19. Spiritus, subvertens montes post spirit. post commot. & ignis Corn. Gemma, lib.1. cap.5. ignem arbitrari non esse sub concavo lunæ sed circa terræ centrum.

Georg. Agricola de natura eorum quæ effluunt ex terra, lib.4. p.145. 156. & 157. Thom. Itigius & alii supra citati. Idem Agricola de ortu & causis subterraneorum, lib. I. pag. 15. & 16. ubi de subterran. calore ejusque effectibus & de materia qua renovatur ignis subterraneus. Idem, lib.10. p.33. de spiritu ignito, pag. 35. de abstruso, & recondito igne, campis & montibus ignitis, bitumine perpetuitatis. ignium causa, pag. 36. de eorum incrementis & phenomenis per intervalla.

Elle se rend visible par les flâmes qui sortent de plus de cinq cens montagnes, puits, ou sources de cet élement, vulgairement nommez Vulcans, desquels les diverses Relations font mention, & dont les situations dans les parties opposées du monde, & leurs correspondances souvent observées, démontrent leur commune origine d'un feu ou soleil central.

Les fumées & les matieres embrasées, mûes au travers des eaux marines, par la vertu expansive de cet élement à plusieurs endroits opposez de la circonference du Globe élementaire, lesquelles representent des Semidiametres, tirez d'un même centre font la même demonstration.

Les eaux situées au dessus de ce feu central, souvent élevées & repanduës en grande abondance sur la superficie des terres, les corps d'un poids immense jettez loin au dehors; les tremblemens communs à plusieurs Païs de toutes les parties du monde, la submersion de plusieurs Villes, & contrées, & les ébranlemens, & déluges soufferts par des regions entieres, font tout autant d'effets de la force, de la violence, & de l'impetuosité de ce feu, qui en font

Valesius, **cap.** 50. & 86. Sacræ Philosophiæ, ignis elementaris permeat per omnia.

Claud. Berigardus de veteri Philosophia, parte 5. circulo unico, p.544. & 545. de igne subterraneo: ignis subterraneus est familiaris terræ, pars est illius globi quem incolimus, jungitur familiaribus sibi natura oleosis.

In terræ visceribus multa

connoître l'étenduë & la situation.

Le nombre & l'extension des mines de charbons, & d'autres semblables corps, alterez par l'activité du feu que l'on trouve dans la profondeur de la terre, tous ceux dont la coction, & la perfection dépendent de l'action de cet élement, la chaleur de tant de fontaines & de sources minerales, celle de toute la circonference de la moyenne region de la terre, & les matieres alkalisées qui l'a remplissent & y font la fermentation continuelle avec les acides par lesquelles la chaleur est continuellement entretenuë, font le surcroit des preuves de la situation, & de la nature de ce feu.

546 cum igitur diffusus ignis quocumque permeet nihil obstat quin ad terram subinde revocetur.

Statim ignis collectus in flammam dispergitur non modo sursum, sed etiam deorsum.

Poëta Manilius, lib.1. quum spiritus unus per cunctas volitet partes atque irrigat orbem, omnia pervolitans corpusque animale figuret.

Plato, lib.29, sub finem, ait:sub terra plurimum ignem, & ignes ingentes omnes esse, & paulò post, hæc omnia sursum deorsumque ferri.

Philo. Judæus, lib de mundo, ubi de ignis & terræ natura ; ignis in terra condita subsequenter, ut levissima natura, & gravissima invicem conflictentur cum utraque, in locum suum suopte nutu urgeatur, proinde natura ignea terram sublimem secum rapiensdeorsum vergere cogitur terreno degravante, &c. Joan. Zahn. specula physico Mathematico historica.

Enfin sa certitude en est incontestablement établie par le sentiment de tous les Chrétiens, & par le propre Texte des Ecritures sacrées, referé cy-apiés avec les raisons démonstratives de plusieurs fameux Philosophes, & les observations d'un grand nombre de Voyageurs, & d'Historiens célebres.

Confirmation du mouvement du feu central.

Les periodes obfervées par les feux de quelques-unes de ces montagnes ou caver- nes ignées, dans la fucceffion de leur ex- panfion au dehors, les divers effets ou ac- cidens qui en naiffent, les mouvemens imprimez aux autres élemens fluides, leur conformation aux fituations du Soleil, par leurs declinaifons & inclinaifons alterna- tives de la ligne aux Poles, & des Poles à la ligne équinoxiale, font encore mieux connoître la conformité de la nature, & les proportions des revolutions de ce feu enfermé dans le milieu de la terre à la na- ture & aux revolutions du Soleil.

Il n'y a pas lieu d'examiner ici fi ce feu central participe de tous les mouvemens finguliers, reconnus dans le Soleil par ceux de fes tâches, ou s'il communique en tout ou en partie ceux qui lui font naturels, ou qui font imprimez au plus groffier de tous les élemens, parce que l'agitation ou refolution de ces queftions, engageroit à une digreffion trop grande du fujet de ce Difcours.

De l'expanfion du feu central.

Le feu ou Soleil celefte, & le feu ou foleil terreftre n'étans pas fufceptibles des impreffions de la gravité, ni de celle d'au- cune autre faculté, qui puiffe empêcher le

Kircher. mūd.
fubterraneus
tom. 1-lib. 4.
fect. 1. cap. 3.
de igne fub-
terraneo per

omnia diffu-
fo, c. 5 de mo-
tibus ignivo-
mis in externa
telluris fu-
perficie fpec-
tabilibus ter
ram plenam
ignibus effe
demonftranti-
bus in fine ca-
pitis eft rela
tio P. Fr. Ric-
cardi de fubterrancis ignib. qui ex imo Pelagi erupere anno 1650. cap. 6. &
7. de perenni duratione ignis fubterranei cap. 8. Crateris Æthnæ defcriptio.
Ex eodem Kirchero folutus mund. extat in Itinerarii ejus prælufione, pag.
187. & feq. de folis fubterranei canalib. & cavernis.
Baccius lib. 4. de Thermis, cap. 5.

progrez de leur nature expanfivé, fe répandent, & fe rencontrent inceffamment
dans les milieux qui les feparent par les
flux continuels de leurs qualitez, par lefquelles ils fe communiquent à tous les
autres élemens, & à tous les mixtes qui
tiennent de leurs inffluences tout ce qu'ils
ont d'activité.

De la communication reciproque du feu central avec le Soleil.

Thomæ Itigii
lucubrationes
de montium
incendiis, fect.
4. cap. 10. .14
& 15. Siciliam
certè in eaque
Æthnam cum
infulis Æoliis,
has cum Vefu-
vio, totamq;
ferè Italiam
arcanum ha-
bere commer-
cium fatis pa-
tet, imò Pey-
rifteius illud
commercium
longius exten-
dit, putavit
enim Vefuviũ
cum Æthna,
hanc cum Sy-
ria, hanc cum
Arabia felici,
hanc cum re-
gione Erithrea

Les feux de ces deux Soleils, leur rencontre, & leurs concours par leurs émanations à toutes leurs productions, &
leur retour à l'un des principes communs
de leurs influences, confonduës dans les
mixtes par la convenance de leur nature,
& ces mixtes fuivans dans la diffolution
de leurs élemens, l'inclination du retour
à leurs principes ignées, à tous les Etres
créez de retourner à ceux de leurs generations, démontrent la communication continuelle & reciproque de ces deux fubftances ignées.

Les exhalaifons des matieres convenables à la nature du feu, dont l'affluence lui eft neceffaire pour la reparation du
flux continuel de fa fubftance, retour-
nans au moyen de leur gravité, recou-

verte par leur condenfation dans la moyenne region de l'air, defcendent enfuite par l'impreffion des vents, dans la compofition defquels elles font entrées aux terres dont elles ont été auparavant élevées.

Ces exhalaifons étant enfuite également condenfées, & agravées par leur paffage en la region froide de la terre, repaffent jufques à l'extremité inferieure de fa region chaude, dans laquelle fe rendent auffi par leur poids ou penetrent par leur fubtilité toutes les matieres graffes ou bitumineufes, fulfurées ou huileufes, dont les terres font délavées par les pluyes.

vicina per fubterraneos canulos communicare & ex eodem fonte deduxit caufam, cur Vefuvius Æthna & fimul Æthiopum mos uno eodemq; tempore coeperint excitare flammas, ut refert Gaffendus in vita Peyrittei atque idem Gaffend. fuper immani terræ motu qui anno 1 07. Peruviam afflixit & quem &c.

Tavernier in hydrographia prolixiùs defcribit ; ita judicat, &c. Acta Philofophica Angliæ menfis Septemb. anni 1660. Vertices Æthnæ continuo fpatio duorum triumve menfium furere folito magis obfervatum fuit, idem accidit in Vulcano & Strombylo duobus ignivomis infulis occidentem versùs. Paul. Scaliger. lib.1. cap.33 n.13. videtur ignis non terra centrum effe propter Jovis carcerem & infernum, qui ut Theologi afferunt, igneus eft, itaque fi ignis in terræ medio terra nequaquam centrum erit, quin nobiliori videlicet igni nobilior utpote medii locus tribuendus.

Virg. 2. *Æneidos.* Æternumq; adytis effert penetralibus ignem & 6. Moenia lata videt triplici circundata muro, quæ rapidus flammis ambit torrentibus amnis tartareus Phlegeton.

Lucretius lib. 4. Tartarus horrificos eructans faucibus æftus.

Marfil. Ficin. lib. 10. *de immortalitate animorum, cap.* 2 *p.* 121. Cùm multi variiq; fint rerum ordines in naturâ femper fuperioris cujufque ordinis infimæ partes fupremis partibus ordinis inferioris proxime fubfequentis quodammodo copulantur, p.223. in omnibus rerum generibus intima quæque antecedentis ordinis cum fupremis ordinis fuccedentis effe conjuncta, & invicem quoquomodo confundi.

Idem fupra Plotini Ennead. 1. *lib.* 8. *fol.* 44. Formæ fubcoeleftes cum coeleftibus tum in ipfo corporeo genere tum in materia, tum in motu congruunt. Similia potiorave leguntur apud S. Auguftinum, lib.22. de civitate Dei, c. 11. ubi de igne qui eft in terra & fub terra. Item in Commentariis J. Pici Mirandulæ de amore, lib. 1. c. 9. D. Boyle de temperie regionum fubterran. cap.8. & plures alii fecundùm tabulam Smaragdinam quam Hermeti tribuunt quod eft inferius, ficut id quod eft fuperius... afcendit de terra in coelum iterúmque defcendit in terram, &c.

Toutes ces matieres s'écoulent dans les rivieres, & dans les fleuves, & parviennent avec les fleuves dans les mers exterieures, & des mers exterieures aux interieures, par le flux defquelles elles s'infinüent dans toüs les élemens, & dans tous les lieux inferieurs.

De la feparation des diffipations continuelles du feu central.

Les exhalaifons ou matieres convenables à la nature du feu, repanduës par leur poids, par leur penétration ou par l'introduction des vents ou des mers, dans les parties interieures du Globe terreftre, & reduites en corps par leur paffage dans l'une des regions froides de la terre, ou des autres élemens, parviennent enfin à l'extrémité interieure de la region chaude de la terre, où elles font derechef rarefiées, foit par la feule chaleur de cette region, foit par le concours de cette chaleur avec celle qui procede du feu central.

Comme elles font reduites par cette rarefaction à une rarité plus grande que celle de l'air, contenu en la concavité generale, elles font moins pouffées que cet air au côté de la circonference par la faculté motrice centrale, & approchent de plus prés ce feu central & ....

Devenans contiguës à ce feu, & étans même introduites par la vertu de fon atmotſphere dans l'interieur de ſon Globe, elles reparent par leur converſion en ſa ſubſtance les pertes qu'il fait inceſſamment par ces continuelles émanations.

·❊·❊·❊·❊··❊·❊·♉·❊·❊·❊·❊·❊·

CHAPITRE VI.

De la diſpoſition, viciſſitude, & circulation de tous les élemens.

L'Opoſition naturelle des qualitez du feu central, & de celles des eaux inferieures empêchans la contiguité de leurs regions, elles ſont ſeparées par l'interpoſition de celle de l'air qui ſe conforme par ſon naturel paſſif à la diſpoſition de tous les autres élemens, à la ſupeficie deſquels il eſt adherent ou dans l'interieur deſquels il eſt diffus.

De l'expanſion du feu central.

Les feux ou Soleils celeſte, & terreſtre, penetrent inceſſamment & également les autres élemens par leurs émanations imperceptibles aux ſens, & évidentes dans leurs effets; & les traverſans tous de part en part par la ſubtilité & ſimplicité de leur nature ſans la rencontre d'aucun obſtacle ni d'aucune impreſſion contraire à leurs cours, entretiennent par ces accez, & par ces decez perpetuels & reciproques leurs communications continuelles.

Philo. Judæus de mundo p. 406. Cũ natura ignita in terra condita ſurſũ verſus rapitur, ignis vi naturali ad proprium locum tendit ...... in ſublime rapit ſecum multũ terrenæ naturæ...... eo porro terrena natura ignem ſubſequi e- rumpentẽ coacta: ad altitudinem multum affurgens in arctum contrahitur, ac tandem definit in verticem mucronatum igneam naturam imitando, fiquidem tunc necefle. eft ut leviffima & graviffima natura quæ funt adverfariæ inter fe conflictentur, proinde natura ignea terram fublimem fecum rapiens deorfum vergere cogitur terreno degravante : terra verò in infimũ libramento fuo deprefla, contraque ab igne fufpenfa qui fuamet ipfe fponte in fublime attollitur vix tandem ipfa à prævalente potentia atque fublevatrice evecta furfum in fedes ignis protruditur.

Enchiridium Phyficæ reftitutæ canone 224. cœli & terræ conjugiũ per quod cœlum etiam in centro terræ habitat.

Plin. l.2.c. 5.de elementis, pari in diverfa nifu vifu quæque confiftere irrequieto mundi conftricta circuitu, &c.

* Ficinus in verfione Phædonis, p. 345.col.1 omnia tanquam in euripo furfum, deorfumque jactari, nullumque tempus in aliquo permanere.

Fr. Patritius lib.22. Philofophiæ novæ, fol.117. refert verba Merc. Trifmegifti in Afclepio, de cœlo cuncta defcendunt in terram, & in aquam, & in aëra.

Les pareilles communications de la part de deux regions, oppofées de chacun des autres élemens, faites par les voyes cy-devant expliquées, des deux facultez motrices contraires, font reciproquement renforcées par les circonftances des lieux, & par les difpofitions convenables des fujets, au moyen defquels renforts chacun de ces élemens entre & pafle alternativement dans la region de tous les autres.

* C'eft par ces moyens que fe font les viciffitudes univerfelles des flux & reflux de tous les élemens, & de tous les corps élementaires, c'eft en cette forte qu'ils perpetuent leurs circulations, évidentes dans fes raports, & dans fes liaiffons avec fes effets; & c'eft cette circulation qui rétablit, affermit, & entretient par la juftefle de fes difpenfations, par l'uniformité de fes revolutions, & par la regularité de fes rétributions, toutes les fubftances élementaires fujetes à des mouvemens & tranfports continuels, dans leurs proportions ordinaires, dans leurs fituations convenables, & dans leurs mutuelles correfpondances.

Les obfervations, & les experiences cy-aprés referées par les Curieux des fecrets de la nature, nous démontrent fenfible-

ment

ment la verité de ces continuelles viciffitudes ; elles nous font connoître les difpofitions de tous les corps à faire entre-eux des
échanges reciproques de toutes leurs qualités, les plus chauds deviennent fucceffivement les plus froids , & les plus froids deviennent fucceffivement les plus chauds ,
l'humidité des uns eft convertie en fechereffe , & la fechereffe des autres fe conver-
tit en humidité ; les plus legers acquiérent
du poids & de la gravité , les plus volatiles font fixes , & les plus denfes , plus fixes
& plus pefants , font rarefiés , volatilifés
& allegés.

Idem M. Fic. in verfione trifmegifti c. 8. Principes quibus immutantur omnia lege naturæ...... fempiterna agitatione variata.... his ergo ita fe habentibus ab imo ad fummum fe moventibus &c. c. 10. cunctis ita fe habētib. nihil ftabile , nihil fixum , nihil immobile nec celeftium nec terrenorum. Difcuffiones Peripateticæ Fr. Patricii , tom. 2. lib. 6. p. 248. de motu furfum & deorfum , fecundùm paffiones permutant locum , feu regiones omnia. Proclus in Timæum p. 108. omnimodus fenfibilifque naturæ proceffus ufque ad terram ultimam quam duodecimam mundi partem dicunt, omne quod fub ipfa eft tertiamdecimam portionem obtinere videbitur , elementorumque apparentiæ ad illam pervenientes regionem numero illi convenire dicuntur , ad omne igitur procedit , procedens ornatus , regrediturque cum ornatum eft ..... in unaquaque parte ultima reperiuntur genera æternis ipfis fubmiffa &c. ex eodem Proclo, pag. 119. In aëris profunditate , fimiliter in aquæ tumoribus , terræque finu , nam proportionaliter ad cœlum non folum dividitur terra, fed etiam reliqua elementa.

Les confequences certaines de tous ces
changemens nous decouvrent la neceffité
de ceux de tous les autres accidens & de
toutes les circonftances des matieres de tous
les corps fimples , mixtes & compofez ;
celles qui font élevées dans les plus hautes fituations, font fucceffivement enfoncées dans les lieux les plus bas , & les plus
profonds , & celles qui ont été les plus
abaiffées, font repouffées à leur tour és lieux
les plus hauts & les plus élevés

Opportet enim principalioribus periodis ea obfequi quæ inferioris digni tatis exiftunt , cœleftefque imitari lationes eos qui citra funt motus , quare cū hæc ad illa proportionaliter fe habere dicantur, ho-

K

rum caufas animales circulos in fe continere par eft.

Ex compendio Marf. Ficini in Timæum c. 24. p. 465. ex Heraclito & Empedocle, quatuor elementa apud inferos , & fecundùm Orphæum , fubfeq. p. quatuor elementa per fummū gradum in cœleftibus, per medium fub luna , per infimum fub terra. ex Timæo Platonis, c. 2. p. 475. aqua in agros fupernè defcendit, contra verò furfum è terræ vifceribus fcaturit, p. 486. ignis per omnia penetrat, deinde aër..... coactionis induftria parva in magnorum contrudit inania, quare cum parva magnis infinuata fint, majora verò minora coerceant , omnia furfum deor. Tumve in fua loca feruntur, nam quodlibet mutata magnitudine fedem mutat.

Ce font les milieux ordinaires , & les degrez convenables par lefquels tout ce qui compofe le monde élementaire paffe avec le tems d'efpece en efpece, & d'une nature en une autre nature ; ce font les routes , & les voies par lefquelles ce qui eft feu eft fucceffivement changé en air , en eau , & en terre , ce qui eft air changé en feu , en terre , & en eau ; l'eau en air , en feu, & en terre ; & la terre, en eau , en air , & en feu.

C'eft par un tel ordre , & par de pareils chemins que chaque fujet reçoit dans la fuite des tems toutes les formes ; c'eft ainfi que chaque élement devient tous les autres élemens , que chaque fimple prend par fucceffion la nature de tous les mixtes , & que chaque mixte eft avec le tems reduit à celle des fimples.

C'eft enfin par ces moyens que fuivant la doctrine des Anciens , tous les corps finguliers deviennent dans la fuite des tems generalement tous les autres , que tous les corps font même fubtilifés jufques au point qui leur eft neceffaire pour être exaltés à la nature des efprits , & les efprits confolidés, & congregés, jufques à celui qui eft requis pour être fixés , & reduits en corps graves, & folides ; & qu'enfin hors la vie univerfelle & commune, dont cette circulation generale rend tous les corps participans , tout ce qui eft animé eft fucceffivement inanimé , & tout ce qui eſt inanimé devient par la ſucceſſion des tems vivant & animé.

fit particeps, factuſque agilis, mobiliſque, à proximo aëre pulſus, extenſuſque per terram duo patitur, nam & liqueſcit, & in terram decidit, rurſus igne hinc evolante proximus aër pulſus mobilem adhuc molem in ignis ſedes impellit, &c.

P. Emanuel Magnan. tom. 3. p. 1274. talis eſt inſita vis ac tale ingenium rebus omnibus quo quælibet erga alteram naturaliter afficitur & avidè appetat beneficum ejus afflatum & viciſſim profuſè rependens inſpiret illi ſuum........ ſolo mediato per ſpiritus contactu provocant ſe ad mutuos acceſſus, &c.

P. Martini Merſeni reflexiones matematicæ ſeu novæ obſervationes Phyſicæ, tom. 3. p. 220. cum Ariſtarcho ſupponere omnia ſe invicem trahere, ut omnia quæ ad noſtrum hoc inferius Syſthema pertinent mutuò ſe trahant.

CHAPITRE VII.

Du principe de la diſpoſition, conſtitution, & mouvemens des parties des élemens, & des corps élementaires, & des conſequences qui en ſont tirées, de la nature du Globe élementaire.

LA diſpoſition, conſtitution des parties des élemens, & des corps élementaires, leurs proportions, & la regularité de leurs mouvemens ne pouvant pas être les effets de leurs matieres, incapables par elles-mêmes de toute ſorte d'action, démontrent conſequemment la neceſſité d'un autre principe, qui les reduiſe, & qui les entretienne par la vertu de ſes influences dans l'ordre, & dans la juſteſ-

fe neceſſaires à leur union , & à la perfection de tout le Globe , qui refulte de leur
compofition.

C'eſt de ce principe dont il s'agit de
chercher la nature , laquelle ne tombant
pas fous la perception de nos fens , ne
peut fe découvrir que par les fignes que
nous en trouvons dans la diverſité de fes
effets , & dans les marques qui en appa-
roiſſent dans fes productions.

Ces effets , & fignes de ce principe ,
fe rencontrent dans les divers endroits
dans lefquels ce Globe terreftre les enferme , dans ceux de fa fuperficie où il les
pouffe , dans ceux des élemens , ou êtres
fuperieurs où ils font élevés , ou d'où ils
defcendent , defquels effets les Curieux
nous ont rapporté les obfervations.

C'eſt par le moyen des Relations des
plus fidéles & plus exacts de ces Curieux,
qui ont pris les peines & les foins de faire ces recherches dans tous les Climats
que nous pourrons parvenir à la connoiſ-
fance de ce principe , pour lui donner fubfequemment le nom le plus jufte , & le
plus convenable à fes operations.

Ces effets , & ces fignes font , ou fe
rencontrent dans les arbres , & dans les
plantes , dans tous les animaux , & dans
les amphibies , * dans les roches , & dans
les rochers , dans les mines , mineraux ,
& métaux , dans les pierres communes,
& dans les précieufes , dans les frequens
méteores de l'air , & dans les divers phenomenes des Cieux.

* Hiſt. de l'A-
cademie Royale
des Sciences de
l'année 1702. p.
50. & fuivan-
tes, où font rap-
portées les preu-
ves de la nouv.

Les convenances & les proportions, que tous ces effets gardent dans les circonstances de leurs êtres, dans celles de leur generation, consistance, subsistance, & desistance, nous démontrent une similitude, ou identité d'origine, & un même, ou commun principe de toutes leurs proprietez.

Les proprietez de tous ces mixtes ou corps, plus ou moins composez, consistent dans la regularité de leur superficie, dans l'affectation de leurs figures, dans l'arrangement de leurs parties exterieures, & interieures dans l'ordre, vicissitude & rapports de leurs mouvemens, dans les traces, ou vestiges de leurs émanations, transpirations, perspirations, & circulations de leurs atmospheres, dans les organes de leurs vegetations, germinations, & generations, & dans ceux de leurs sentimens.

Ces proprietez étant les signes qui ont déterminé les plus célebres de tous les Naturalistes, à donner le nom de vie à la nature des mixtes pourvûs, & doüés de pareilles habitudes, font autant de raisons convaincantes d'accorder le même nom de vie, à la nature du Globe terrestre & élementaire, de laquelle tous ces mixtes tirent les leurs, & de laquelle les leurs ne font que des participations, & quelques particulieres imitations.

riture des pierres par un suc nourrissier qui vient du dedãs, celles de leur organisation & vegetations, configurations determinées, tant exterieures qu' interieures, consequences, que si quelques pierres viennent de semences, il est presque necessaire qu'elles en viennët toutes, & que les cailloux qui ne paroissent que des masses informes, suivent la même loy que les pierres curieuses, p. 52. vaisseaux des pierres, & circulations de leurs sucs. Consequences des pareilles organisations, & vegetations naturelles des metaux, regles generales, & plan de la nature. 1. parties des mêmes memoires de l'année 1702 p.217. & suivantes, contenant d'autres observations sur la generation & accroissement des pier-

res, plusieurs exemples, observations, & enumerations des diverses pierres qui donnent des marques de leurs vegetations, conformations, ou figures determinées, émanations, & transpirations de leurs suc. 5 pag. 222.223. &c. p.231.233.

K iij

& suivantes, des germes des pierres & des metaux, pierres, leurs differences, leur vie, leurs consistances, semences, comparaisons à celles de la fougere, truffes ; qui ne se découvre qu'avec le Microscope, p. 234. des montagnes & rochers, & de leur generation.

Nous reservons à un plus ample Traité les inductions que nous pouvons tirer des formes, & conformations exterieures & interieures des animaux, des meteores de l'air, & des divers phenomenes des Cieux, lequel Traité fera voir les rapports parfaits & reciproques, qui sont entre tous les mouvemens observés dans la vaste étenduë du Firmament, & ceux des visceres, & entrailles des corps vivans nouvellemens découverts.

Les bornes du sujet de ce Discours ne nous permettant pas de nous élever au dessus des mixtes élementaires, ni d'aprofondir l'interieur des animaux, nous réduisent à nous renfermer dans la consideration des plus prochains objets de nos sens.

La nature, ou vie naturelle des portions des mixtes, leurs élemens, & fragmens, les racines, tiges, & branches des arbres, les feüillles, fleurs, fruits, ou graines des plantes, donnent des preuves convaincantes de la nature, & vie vegetative de tout l'arbre ou de toute la plante dont elles sont les parties.

[a] Consequemment tout le corps des mixtes, de tous les arbres, & de toutes les plantes, n'étant que des portions, parties, parcelles, ou particules de ce Globe terrestre, & élementaire, & les dons de tou*

[a] Le Globe terrestre a ainsi que plusieurs mixtes, pierres & autres une figure determinée un Atmosp. ordinaire qui est le principe de sa gravité, ou pesanteur, une situation determinée, entre les deux Poles & tous les organes propres & necessaires à ses diverses & innombrables ope-

tes leurs proprietés n'étant que des participations de celles de ce Globe, sont des
démonstrations infaillibles des proprietez,
qualitez, nature, & vie de ce même Globe.

Le raport des differentes qualitez, ou
proprietez des divers corps vivans à la nature du principe qui les anime, pourroit
donner occasion de distinguer leurs vies,
en plusieurs especes, que quelques-uns
des plus celebres Autheurs ont comprises
dans les divers dégrez de leur perfection.

b L'un de ces dégrez de la vie des corps,
dernier en dignité, & premier dans l'ordre
de leur élevation à un être plus noble,
est ce qui fait dans les uns, & dans les
autres la mobilité de leurs atmotspheres,
que l'on peut convenablement apeller vie
motrice.

C'est à l'occasion de cette vie, & des
mouvemens continuels qu'elle donne aux
plus subtiles parties de tous les corps,
que tous les Platoniciens, & plusieurs
autres Philolosophes, tant Dogmatiques,
qu'Empiriques ont écrit, que toutes les
choses du monde joüissoient de la vie.

Ce dégré de vie qui produit dans tous
les corps, soit secs & solides, soit
fluides, ou humides, & le mouvement
de leurs plus ménuës particules, qui composent leurs atmotspheres, est manifeste-
ment établi par la multitude des observations que l'on trouve dans les divers Traités de Monsieur Boyle, qu'aucun des Philosophes Modernes n'en à pû disconvenir.

K iiij

rations, referées au long par M. Canepar, de atrament. c.1. J. Sperling. c. 2 Medit. X I. p. Ath. Kircher. itinerar, dia-log.2.c.2. pag. 568. 573. & lib.2. tom.1.c. 19. post Agricolam & alios

b Martin Kircher Mede-cin Allemand a traité ample-plement des divers degrés de vie en son livre de la Fermen-tation, impri-mé à Uvitem-berg en l'an 1663 ch.4.p.16. ch.5. & ch.6. Il a recüeilli les opinions, preu-ves & marques de vie, referées par tous les Autheurs qui l'ont precedé, au ch.5.il prou-ve par plusieurs observations, que les élemens, les metaux, les pierres, & mê-me . toutes les choses de ce mõ-de . vivent ac-tuellement, & il fortifie la ve-rité de cette opi-nion par son ancienneté qu'il fait remonter

suivant Ariſtote, & la remarque de Scaliger, exercit. 7, juſques à Atale.
Laquelle nous pourrions tirer d'un tems encor plus éloigné, ſc. de Merc Trime-
giſte, en ſon Traité appellé Aſclepius, traduit en latin par Proclus, où l'on
trouve ces mots, Spiritus agitatus, & vivificatus, omnis in mundo ſpecies,
omnia implet, mundi nutrit corpora, ſpiritus animas, & même uſques à
Moyſe, par ces mots de la Geneſe, Producat terra animam viventem inge-
nere ſuo, Imité par l'Eccléſiaſtique, parlant des Oeuvres de Dieu, omnia (dit-
il) hæc vivunt & manent in ſæculum ſæculum, Nous pourrions aûter
icy ſur ce même ſuſet les termes expreſſifs d'Origene, Tertullien, Philon Iuif,
de Platon, & de tous les Platoniciens, & les confirmer par les chants de nôtre
Egliſe Chrêtienne & Catholique, regi cui omnia vivunt, venite adoremus.

Le principe de ce dégré de vie, comprend celui des figures, formes, & conformations de tous les corps, de toutes
leurs émanations, tranſpirations, perſpi-
rations, aſpirations, expirations, & circulations.

Le ſecond dégré de vie auquel tous les
Naturaliſtes donnent le nom de vie vegetative, qui ſuppoſe le precedent, comme
ſon fondement procede d'un principe d'une
plus ample vertu qui influe à tous ces mouvemens qui conviennent à l'ame vegetative, tels que ſont ceux de végetation,
nutrition, accroiſſement, excretion, generation, germination, ramification, fructifi-
cation, & multiplication.

Le troiſiéme dégré de la vie des corps,
communément appellée ſenſitive, ſuppoſe un principe d'une vertu plus efficace
que celle des deux precedens, non ſeulement capable de toutes les mêmes operations, mais auſſi de pluſieurs autres,
ſçavoir des attractions, retractions, con-
tractions, expulſions, & répulſions ſym-
patiques, & antipatiques, magnetiques,
& électriques, organiſations, & mouvemens organiques.

Les trois dégrés de vie précedens font les fondemens neceffaires de celle à laquelle nous pouvons raifonnablement donner le nom de figuratrice , reprefentatrice, & imaginatrice , lequel dégré nous aprenons par plufieurs Relations n'être point refervée aux feuls animaux que nous voyons paffer, & exercer leurs vies dans les élemens , de même que dans les hommes , & autres animaux , une forte apprehenfion, & un appetit violent des objets conçûs , & perçûs dans les organes de leur puiffance imaginative , * & appetitive , impriment leurs reprefentations, ou images, dans le même ordre de leurs parties, avec les difpofitions à de pareils mouvemens dans les membres aufquels leurs puiffances , ou facultez les envoyent , & les attachent.

Exemples rapportés par Digbi & Laurent Stroffe dans leurs difcours de la Poudre de Sympathie, & fpecialement par Thom. Fie. en fon Traité de viribus imaginationis , quæft.4. où il en rapporte les fentimens de tous les precedens Autheurs, ainfi que dans les queftions 5. 6. & fuivantes , jufques à la queftion 13. où il en rapporte plufieurs hiftoires, depuis la pag.195. jufques à la fect. 14.

De même dans l'Univers * l'entiere comprehenfion , & l'affection univerfelle de tous les objets qu'il comprend par fes puiffances , dont celles des animaux ne font que des participations , impriment les formes , & figures de ces objets, dans les parties , parcelles , ou particules de fes membres , aufquels ces mêmes puiffances les déterminent , & les attachent par leurs influences qui leur communiquent les impreffions qu'elles ont reçûës felon les difpofitions , & preparations de leurs matieres.

Application , comparaifons, ou analogies , de la puiffance imaginatrice , ou figuratrice des animaux à celles du Globe terreftre ; remarques & obfervations de divers Autheurs, fur les conformations des pierres en figures regulieres , & en celles de divers animaux, par Aldroand, liv. 4. pag. 440. de son Musc metallique & és pag. 453. 454. 476. 504. 576. 587. & 675. & seq. de pluribus similibus glo-bulis simul conjunctis, p. 730. de serpentum, 757. hominis silvestris fi-gura lapidea, & autres, dont toutes les relations ont esté recüeillies par le P. Kircher en ses livres de mundo subterraneo, tom. 1. ch. 9. de admirandis naturæ pictricis operibus, figuris, imaginibus quas in lapidibus & gem-mis delineat.

Ces influences qui sont les instrumens de la propagation, & multiplication des effets celestes, penetrans par une subtili-té beaucoup plus grande que celle des semences des animaux, & des plantes, dans le fonds des corps les plus durs, donnent à leurs diverses parties l'ordre, & la situation necessaire à la represention qu'-elles devoient faire, sans leur procurer les mouvemens que la fermeté de leur consistance, & la force de leur union ne leur permettent pas de recevoir.

Tous ces dégrés de vie des parties, par-celles, & particules du Globe terrestre, & élementaire, sont les signes, & les preuves d'autant de pareils dégrés de la vie commune, & universelle de tout ce Globe, dont les premiers sont ainsi que dans ses parties, la base, & le fonde-ment des autres.

Pareillement ce Globe élementaire n'é-tant qu'une particule de l'Univers, fait par les quatre dégrés de sa vie, la démon-stration d'autant de dégrés de celle de cet Univers, d'une perfection égale, ou plus convenable à son immensité.

Mais la recherche de tous ces dégrés de la vie de l'Univers, nous peut faire tom-ber dans les paradoxes de l'ame, ou esprit univerſel, dont tous les Platoniciens, & pluſieurs autres Philoſophes ont crû ce monde animé ; deſquels paradoxes nous ne pourrions trouver la reſolution, hors les myſteres de la premiere en dignité de toutes les Philoſophies, appellée Theologie par les plus Anciens, & Metaphyſique par ceux qui leur ont ſuccedé.

C'eſt de cette grande ame dont ces Philoſophes tirent l'origine de toutes les autres, & c'eſt de la multitude innombrable de ſes idées qu'ils entreprennent de démontrer les principes de toutes les generations, & de toutes les ſemences.

Ils trouvent toûjours dans la grandeur perpetuelle de cette ame univerſelle, les raiſons des propagations, & multiplications continuelles de tous les corps mixtes, & vivans, leſquelles quelques-uns des plus ingenieux des Philoſophes de ce tems ont tâché d'expliquer par un progrez de diminution à l'infini des dimenſions des ſemences, incluſes les unes dans les autres, & ſortans ſucceſſivement les unes des autres.

Les curieuſes obſervations des émanations, & atmotſpheres de tous les corps que nous trouvons dans les divers Traités de Monſieur Boyle, nous conduiſent par une voye plus ſûre que toutes les autres, à la connoiſſance des prochains principes de ces multiplications innombrables, & propagations à l'infini de tous les corps vivans.

Memoires de l'Academie Royale des Sciences de l'année 1700. pag 136. ſur la multiplication des corps vivans, conſiderée dans la fecondité des plantes.

Ces atmotſpheres ne ſont pas des ſubſtances homogenes, ils tiennent de la nature des corps dont ils s'écoulent, leſquels étant compoſez de pluſieurs corpuſ-
cules ou particules de diverſes qualitez,
rarités, & denſités, influent, ou impoſent
à ces particules de leurs atmotſpheres, les
mêmes differences, & les mêmes proportions qui ſe trouvent entre leurs particules.

Ce rapport des proportions des particules des atmotſpheres aux particules du
corps dont ils émanent, convenant vray-
ſemblablement aux atmotſpheres de tous
les corps, ſe trouve conſequemment pareil entre les particules des corps, & celles
des atmotſpheres des ſemences, leſquels
rencontrans dans leur flux, des endroits,
matieres ou matrices propres à les recüeillir
& à les arrêter, y ſont par la réünion de
toutes leurs particules dans le même ordre,
& proportion qu'elles avoient dedans, &
hors de leurs principes, reconſolidez, reformez & recorporifiez en ſemences.

Ces atmotſpheres des ſemences peuvent à tous momens arriver, & parvenir
par leur flux continuel à une multitude
innombrable d'endroits, ou de matieres
capables, & propres à réünir toutes leurs
particules, en un corps pareil à celui des
ſemences dont ils ſont originaires, & proportionné à celui dont ces ſemences ſont
provenuës.

Ces corps de ces ſecondes ſemences

ayant des atmofpheres pareils à ceux des premiers, les autres rencontrent des autres endroits auffi propres à leur réünion & réformation, que les precedens y font pareillement reformez, & recorporifiez, ce qui fe faifant ainfi par tout, & à l'infini nous fournit les raifons évidentes, & formelles de la multiplication, & propagation à l'infini de toutes les fubftances ou corps qui naiffent des diverfes femences, tant perceptibles qu'imperceptibles.

C'eft ainfi que tous les corps humides, & volatiles repandus par leur rarefaction, & expanfion dans l'étenduë des airs, retournent par leur condenfation, & contraction à une confiftance pareille à celle qu'ils avoient auparavant.

Mais la comparaifon de la propagation, & multiplication des efpeces vifuelles, vulgairement appellées intentionelles, nous fournit plufieurs exemples de la propagation, & multiplication à l'infini de tous les corps vivans, par le moyen de leurs femences.

Les efpeces de tous les objets qui peuvent fe prefenter à nos yeux répanduës, perduës, ou invifibles dans les efpaces vagues de l'air qui les environne, fe croifans, & fe réüniffans au point indivifible d'un petit trou ou d'un verre convexe, & s'étendans au delà de ce point, fur une muraille, carte, ou toile blanche, y rétabliffent les images des divers objets defquels elles ont pris leur naiffance.

Les mêmes ou pareilles efpeces des mêmes ou de pareils objets , tombans fur des
miroirs pareillement oppofés, font par leurs
reflexions innombrables , reciproques &
infinies , une infinité de reprefentations des
mêmes objets de femblables efpeces tombans fur des corps tranfparens , compofez
de plufieurs plans par la difference defquels les fignes d'incidence de ces efpeces étant diverties à divers autres points,
font dans tous ces points où elles arrivent , des reprefentations égales & entieres des objets dont elles ont tiré leur
premiere origine.

Ces differentes voyes de la multiplication , & propagation des images des objets , nous enfeignent celles de la propagation , & multiplication de tous les corps
vivans par la nature de leurs femences.

Ce que les femences ont de plus fubtil
& de plus actif, confifte dans la vivacité des
efprits qui font dans les corps qui les en-
veloppent , ce que font les efpeces à l'é-
gard des corps dont elles procedent ; les
plus celebres des Medecins , & des Philo-
fophes nous apprennent que les efprits,
foit vitaux foit animaux font de la nature
des influences celeftes , ces efprits accou-
rans de toutes fes parties vitales des vi-
vants aux organes de la generation , y
forment par leur concours, & leur réünion à un point indivifible , tel que celui
où les efpeces font réduites dans leur paffage par un verre convexe , les femen-

ces d'une activité, & d'une puissance capable de reformer des corps pourvus d'un
& d'autre nombre de parties pareil à celles dont elles sont provenuës, de pareilles puissances, & de semblables atmospheres.

Nous finirons ce Discours par l'ouverture de ce nouveau Systeme que nous es-
perons de mettre dans un plus beau jour
au Traité des atmospheres, dont nous tâ-
cherons d'expliquer toutes leurs differences, tous leurs mouvemens, & tous leurs
effets.

Les pages suivantes contiennent le recueil des Relations, & observations, &
experiences qui font ou achevent les preuves du contenu en tout ce Traité.

RECUEIL

DES

OBSERVATIONS

FAITES DANS TOUTES LES
parties du monde,

QUI FONT LES PREUVES DES
difpofitions, conftitutions & mouvemens
de toutes les parties du Globe élementaire.

Fontaine fur les fommets des montagnes
V. Plinium , lib.2. c.69.

E S Voyages d'Edoüard Bro-
vin en Hongrie , p. 77. Sources
fur le haut du Mont-Olympe.
Du Voyage de Perfe & des Indes , de
Thomas Herbert, p. 154. Ghateau d'Affer-
près , Agra en Perfe. Sommet d'une haute montagne au milieu duquel il y a des
fources d'eau vive qui arrofent la montagne , p. 271. Ruiffeaux defcendans des
plus hauts fommets du Mont-Taurus. Ville de Perifcan , bâie fur la croupe d'une
montagne , arrofée de bonnes eaux douces , p. 306. Le Pic ou Montagne de Da-
mon

mon formé en piramide paffe en hauteur
tout le refte du Mont Taurus, cette hauteur n'eft que foufre, il y a des eaux chaudes fur la croupe de cette montagne au
nombre de cinq, on y va au mois d'Août :
p. 552. Ifle de Sainte Helene, qui n'eft
qu'une plaine ayant une montagne, au
haut de laquelle il y a des fources fort
douces. p. 566. Au haut de la montagne
de Tercera, il y a des ruiffeaux dont l'eau
eft auffi froide que de la glace, fi ce n'eft
quand le feu fortant de la montagne, en y
tombant en change la qualité, *l. 3. p.* 483.
& 484.

Hiftoire des Ifles de S. Chryftophle du
P. du Tertre, p. 141. Beau Baffin plein
d'eau, & de poiffon, fur la pointe d'un
roc ou montagne d'une hauteur prodi-
gieufe.

Novus orbis feu defcript. Indiæ Occ⸱d. De Laet.
l.5. c.21.p.26. *Antrum mirabile fub præcelfo
monte, in cujus medio Fons & amniculus. Liceti
Hydrologia,* p. 91. & 181. *Fons Danubii in
cacumine montis Abnobæ.*

De l'Ambaffade de la Compagnie Orientale des Provinces-unies, *chap.* 29. *p.*114.
Montagne de Pechan, du fommet de laquelle les eaux fe précipitent.

Hiftoire de la Societé Royale de Londres, *fol.*250. Où il eft dit qu'ils trouve-
rent beaucoup de bonnes & abondantes
Fontaines qui couloient du fommet de la
plûpart des hautes montagnes.

Journal des Voyages du fieur de Montconis , p. 28. de son Voyage d'Espagne , Fontaine sur une montagne au Royaume de Grenade.

Voyage d'Espagne 3. tom. Plusieurs Fontaines sur le Mont Serra. p. 160. *Rumdolfi Camerarii silloges memorabilium , centuria 50. art. 46. & 47. Fontium in altissimis montium jugis scaturiginum origo à mari. Nierembergius , lib. 2. cap. 26. Ait esse Fontem in Suevia Provincia in vertice montis excelsi , qui non nisi soli super Horisontem elucescente scaturigines emittit, & statim atque sol sub horizontem descendit, scaturire desistit.*

Kircher mund. subterraneus , tom. 1. lib. 5. c. 1. §. 9. pag. 269. America Provinciis in nonnullis locis ex altissimis rupibus ferventissimæ velut fluminum aquæ &c. Majol. colloq. 16. p. 212. In Insula Zeilan altissimus mons est, in cujus summo vertice peramœnus ac perlucidus lacus est.

Ambassade des Hollandois à la Chine, p. 50. & 116. Le Fleuve d'Etie paroît au plus haut de la montagne du Nam d'où il se précipite.

De l'Histoire naturelle & generale des Indes de Jean Poleur , liv. 3. ch. 5. Du Lac de Xaragua , & d'un autre Lac qui est au plus haut sommet des plus hautes montagnes de cette Isle & sa description.

Ambassade des Hollandois à la Chine en 1656. p. 43. Prés la Cité de Cinq-Kiug est la montagne de Canguien, sur le sommet de laquelle il y a une fontaine medecinale de grande vertu , p. 99. Autre Fontaine pareille sur un mont.

Histoire des singularités naturelles d'Angleterre de Childrey, p. 269. presque au sommet de Roscherri montagne tres-haute, dont il sort une Fontaine tres-bonne, pag. 294. Montagnes prés de Northtine pleines d'eau sur le haut.

Baccius de Thermis, lib. 5. cap. 2. p. 230. Cenisii montis lacus, & item Vesuli uterque in vertice non manifesta tantùm carent origine, sed ne digitum quidem excedunt labra, item lib. 10. cap. 3. pag. 5. alia exempla affert.

Item historia naturale diferante imperato, cap. 2. Eusebius, l. 2. c. 26. R. Boyle in 8. de suspicionibus cosmicis, p. 41. Magna palus in vertice montis in Anglia versus Hiberniam.

G. Schot Anatomia fontium, l. 1. c. 3. p. 29. Fons ex altissimo scopulo.

Item Joan. Zahn. in specula Mathematico. Historica, impressa Noriberga an. 1696.

In Historia Orcadum in cacumine montis Fons ex ipso corde seu fundamento montis ortus stupendæ levitatis, ut refert Sibbardus prodromo naturalis Historiæ.

In China Provincia Suchura prope Urbem Nekiang Fons est in vertice montis: plures aliæ Fontes in montib. eorumq; jugis, de quib. dictus Joan Zahn. in dicto Tract. Scrutinio 4. Disquisitione 1. c. 2. §. 5. pag. 117. & seq. & p. 124. & seq. Nova methodus Joan. Bauhini de aquis medicatis ubi, p. 14. & 19. paria refert de quodam monte rotundo Comitatus Burgundiæ ab aliis sejuncto, in quo agri, & in cujus cacumine Fontem esse perhibent. Talis etiam in vitifero Monte Belgardensi: & in Sangovia Lo-

L ij

tharingiam verſus in cacumine præcelſi montis ab àliis ſemoti Fons cujus hîc eſt deſcriptio. Ex montis ſupercilio exortus per jugum quoque excurrens.

Architecture de Vitruve traduite par Jean Martin, l.8. fol. 113. v. Entre les eaux celles qui n'ont point de paſſages ouverts, & qui ſont arrêtées par quelques roches ou autres empêchemens, ſont contraintes d'être pouſſées à travers certaines venes étroites juſques aux coupeaux des montagnes.

Fontaines jailliſſantes.

Ambaſſade de la Compagnie Orientale des Provinces-unies à la Chine, p. 283. Prés la Ville de Fu eſt le Mont de Yacinen, célebre pour la Fontaine qui réjaillit ſur ſon ſommet.

De fontib. ſalientib. Plinius, lib.4. cap.103. & lib. 31. cap.2

Baccius de Thermis, lib.1. c.21. p.89. & lib. 4. c.16. p.221. & 90. Lacu di Pilati in montanis certis horis ſubſiliens.

Ibid. In Cappadocia ut meminit Strabo: E fonte aqua emergit puriſſima ac tanta vi ut injecta in ipſo haſta vix immergi poſſit.

Euſebius Nierembergius de miris & miraculoſis naturis in Europa, 2. cap. 26. & 27. p. 432. Antigon. Euriſt. Hiſt. mirabilium collectanea, c. 165. Paludes omnia ejicientes.

Gaudentius Merula, lib.3. cap. 4. p. 163. In Cilicium tractu tanto impetu ſurſum Fontes erumpunt ut ſi haſtam velis demittere non poſſis.

Kircher mund. subterr. tom. 2. lib. decimo, cap. undecimo, p. 228. De salinis Burgundiæ salsi Fontes è terra exiliunt, alter ab imo veluti ex olla ebullit, alter ex vivo saliens saxo.

Plinius, lib. 2. cap. 103. Fons in Arabia qui tanta vi exilit ut omnia pondera impacta respuat.

Voyage de la Martiniere és païs Septentrionaux, chap. 38. p. 294. parlant du Mont Hecla, il en sortoit, dit-il, par fois des jets d'eau chaude comme des tonneaux, d'autre-fois que flâmes & cendres.

Historia Regiæ Scient. Acad. lib. I. c. 2. & de Cassin. de fontib. salientib. agri Bononiensis, Mutinensis & Austriæ inferioris.

Aristoteles, lib. de mirabilib. Fons (inquit) est in parte Urbis Siciliæ aquas ad sex cubitorum altitudinem ejiciens. In Illiriis qui Aridæi dicuntur juxta Autobitarum confinia mons magnus unde aqua prosilit copiosè. Item Georg. Agricola, locis infrà citatis. art. de vi expultrice Globi terrestris. Ubi de rivis salientib. & fontib. exilientibus, omne pondus impactum respuentib. &c.

Des Fontaines des lieux où il ne pleut presque jamais.

Des Voyages de Pietro Dellavalle, tom. 1. pag. 218. & suivantes : Aux deserts d'Arabie où il ne pleut presque jamais, & dans l'Arabie pierreuse il y a plusieurs Fontaines; Fontaine de Moyse, pag. 220. Autre Fontaine naturelle dans l'Arabie pierreuse,

L iij

pag. 223. Petit ruisseau passant au milieu du Convent du Mont Sinaï, p. 224. Autre Fontaine d'eau vive au Mont Sinaï. Auparavant en ce même tome 1. lettre 16. p. 13. Les Arabes ont caché par malice plusieurs puits dans l'Arabie deserte.

On trouve aussi des Fontaines en Egipte quoy qu'il n'y pleuve point , de même dans la Sirie suivant le P. Vans-Leb en son Voyage d'Egipte , p. 253. 282. 303. 375. 231.

Mandeslo , p. 384. de son Voyage des Indes , rapporte qu'au haut d'une montagne des Ternates où l'on ne voit jamais broüillads ni nüages , il y a un Lac d'eau douce.

Baccius de Thermis , l. 1. p. 46. fait mention des inondations de quelques Lacs , sans qu'il y aye eu aucunes pluyes &c.

De his Georg. Agricola , lib. de ortu & causis subterraneorum , p. 11. & 12.

Lacs sur montagnes.

Des Voyages de Thomas Hebert , liv. 2. p. 483. & 484. Sur le sommet de la montagne de Colombot d'où vient la canelle il y a un Lac d'eau salée. *Ex Ludovico Barthema refert Majolus dierum canicularium colloquio 16. in insula Zeilan altissimum montem esse , in cujus summo vertice peramoenus ac perlucidus lacus est & similia subsequenter.*

Idem Majolus colloquio 12. p. 174. sic, inquit, Recentiores qui novum orbem peragrarunt, com-

memorant in Hispaniola insula in summo præalti montis cacumine lacum esse ambitu trium millium patentem, peroptimis refertum piscibus.

At majoris ambitus lacum Fr. Alvares tradit in Æthiopia compertum esse in regno Fatigas, in summo enim excelsi montis vertice scribit lacum esse circumitu patentem ad passuum 12. millia.

Sunt & alii in Italia, præcipuè verò commemorabilis est ille qui spectatur in Monte Gargano nitidissimis aquis & sapidissimis piscibus, ut Leander memorat. In ulteriore Hispania mons valde excelsus est., ut Bocatius memorat, nomine Canatus, in cujus vertice lacus est summæ & inexplorabilis profunditatis colore niger, huic nomen Canatus.

Sunt etiam alia ejusdem naturæ loca de quibus postea.

Joan. Zahn. in dicta specula. p. 124. Lacus in Historia Orcadum in cacumine montis ex ipsa ejus corde seu fundamento ortus. ut refert Sibbard. in prodromo naturæ histor.

De talib. lacub. Georg. Agricola, l. 3. De natura eorum quæ effluunt ex terra, p. 133.

Becher in Physica subterranea, l. 1. sect. 2. c. 1. p. 50. ubi de acidulis thermis in altissimis sæpè montium cacuminib. inventis & p. 51. videmus, inquit, in ipso mari insulas, in insulis montes, in montium supremis cacuminib. scaturigines quæ cum fluxu & refluxu vicini maris quoad incrementum & decrementum accuratè conveniunt, p. 54. affert exemplum sanctæ Helenæ insulæ.

Fontaines & Lacs qui ne croiſſent ni ne dimi-
nuent jamais.

Novus orbis ſeu deſcriptio Indiæ Occident. de
Laet. lib. 5. cap. 17. In Tropeaca Provincia, p.
255. In finibus Themachalco atque Chaculac
juxta Alyoxucan pagum in ſummitate montis
lacus cernitur à ſummis ripis ad 50. origias de-
preſſus qui nec hiberno, nec pluvioſo tempore
augetur nec æſtate minuitur, altitudinis eſt in-
compertæ. l. undecimo c. 9. p. 465. In valle Tara-
paya quæ duas vel tres leucas diſtat ab oppido,
ad caput hujus vallis viſitur lacus plane rotun-
dus, cujus ſcaturigines, licèt ſolum in ambitu
frigidius ſit ad ripam quidem modicè calent,
in medio verò ita fervent ut ab hominibus to-
lerari non poſſint, ebullit aqua in medio vi-
ginti pedum ambitu, nec tamen, quod mirabile
eſt, lacus unquam augeri ac minui cernitur, nec
tunc quidem cum canalis ex illo deduſtus eſt
ad molam agendam.

Majolus colloq. 13. p. 184. In lætis Macedonia
lacus eſt gnitroſus ac ſalitus, exilit autem ejus
à medio dulcis fonticulus quo ſemper emicante
lacus nec augetur nec effluit. Plin. lib. 31. c. 10.

Paulopoſt eadem pag. Macedonicus lacus Fontis
manantis ſcaturigine non augetur, ſuggerit al-
terius Fontis naturam non procul à Lilibeo pro-
montorio qui nec augetur ullis aquis affluen-
tibus, nec minuitur hauſtis, ablatis &c. ut
Leander tradit.

Ambaſſade des Hollandois à la Chine,
Fontaine au Sud de la Ville de Gueignang

qui ne diminuë point quelque effort qu'on
fasse pour l'épuiser,

*Baccius de Thermis, lib. 4. c.... p. 242. Lacus
immensæ profunditatis ac incompertæ semper
plenus sua aqua spontè & clare emanans, nec
unquam è margine fluens. Eusebii Nierember-
gii liber de miris in terra Promissa, c. 1. p. 457.
Fons similis &c.*

Ambassade des Hollandois à la Chine,
en 1656. p. 82. Montagne de Tienchi proche de Mien en la Province de Suchuen,
il y a un Lac que la pluye ni la secheresse n'augmentent ni ne diminüent jamais.

Pag. 188. prés la Ville de Gueigang au
Sud-Est il y a une pareille fontaine.

*Minera del mondo di Gio Maria Bonardo, lib.
1. cap. 6. f. 12. Nel paese disalentmi appresso la
cita di Manduria te un Laco pieno infino à lorbo,
nel siema per caversive qua vel creser per met-
terveve.*

*Joan. Zahn. in dicta specula, pag. 120. &
seq. plures refert similes lacus qui plures fluvios
recipiunt, per nullum tamen locum aquas emit-
tentes, inter quos ponit mare Caspium & Lacum Asphaltitem seu mare mortuum. Lacum So-
ran in Moscovia, Calgistan, & Citur in Per-
sia. In Gallia prope civitatem Chateau-D'un
lacus est (inquit) qui numquam pluviis ac-
crescit aut quovis modo turbatur.*

La Popeliere en son livre des trois mondes, fol. 20. & V. suivant *Olaus Magn.*
le Lac Vener qui a 44. lieuës de longueur,
& presqu'autant de large, auquel entrent
24. rivieres, & les lacs Meller & Viter,

& autres qui ne croissent en apparence ni ne diminuent jamais. Tel est le Lac Asphaltite en Judée qui reçoit le fleuve du Jourdain, ce qui fait penser que toutes ces petites mers rendent leurs eaux en plus grande partie sous terre &c.

Mons & Lacs tempestueux.

Du Livre de l'Ambassade de la Compagnie des Provinces-unies vers l'Empereur de la Chine & grand Cam de Tartarie, des sieurs Pierre de Gayer, & Jacob de Keiser, ch. 22. Montagne de Tievulu qui a dans son enceinte un Etang nommé le Dragon, dans lequel si vous y jettez une petite pierre on entend un bruit effroyable, p. 188. Montagne de Tongeu, prés de Gueigang où l'on entend comme un tambour quand il doit pluvoir, p. 59.

Montagne de Teype prés Vacang, d'où ils disent qu'on exciteroit de grandes tempêtes si on y batoit du tambour.

P. 270. Le lac de Chang dans le mont de Chiniven qui fait raisonner les eaux comme une cloche, avant la pluye ou le mauvais tems. *Prædictus Joan. Zahn. in dicta specula. pag. 21. Mons Paoki in Xensi Chinæ Provincia tempestate imminente tanto murmure strepit, boatusq; edit ut ad 30. stadia exaudiantur.*

In Asiæ quôdam monte dicto Tanchen haud procul à Queiang cum pluvia imminent tympani pulsi strepitus præmonet accolas.

In Indiæ Orientalis Provincia Cachemire duo
sunt montes altissimi Pirepeciale & Singlafet
dicti, qui quoties caravanæ sive plurium itine-
rantium societas cum variis clamorib. & strepitu
transit, mox pluviæ, & imbres largissimi cie-
ri solent &c.

In ducatu Vitembergensi cripta est inter pa-
gos vulgò dictos Aufen, & Auberofen è quasi
sereno tempore cum nebula è spelunca progressa
cernitur, pluviæ ac tempestates succedere solent,
Zeiglero teste.

In Umbria prope civitatem Narmi terra re-
peritur quæ sicco aëre tota madet, cœlo autem
pluvioso ac humido aret, & tota pulverulentâ
comperitur, ex Majol.

D. Georg. Agricol. l. 4. de natura eorum
quæ effluunt ex terra, p. 150. ubi de ventis
terræ cavernis inclusis erumpere conantib. ibi quoque de locis procellosis.

G. Schot. Anatomia fontium, l. 1. ch. 4. p. 43.
In Catalonia est mons Cannarum altissimus &
quasi inaccessibilis, in cujus summitate est lacus
cujus fundus est imperscrutabilis, siquis modicum
lapillum injecerit, statim tempestates cientur.

Novus orbis seu descriptio Indiæ Occidentalis
Joan. de Laet. lib. 7. cap. 5. juxta pagum S. Bar-
tolomei in Provincia Quelenan, terra hiatum
quendam instar putei aperit in quem si lapidem
vel minutum dejicias, ingens tumultus cietur, sta-
timq. licet sereno & tranquillo die, tanta &
tonitrui similis procella emicat ut procul audia-
tur & vix ferri possit.

Idem est quod de specu in Dalmatia prodidit
Plinius.

Aux Mons-Pirenées au sommet de la montagne de S. Barthelemy prés de Pif-ferda, laquelle montagne est la plus haute de toutes il y a un Lac de deux arpens de largeur, dont on n'a jamais sçû trouver le fonds, dans lequel si on jette une pierre, il se fait un grand bruit, & il survient trés-peu de tems aprés une grosse pluye avec grêle & tonnerre.

Kircher fait la même Relation en son monde soût. l. 5. sect. 4. ch. 6.

Descriptio montis fracti sive Pilati juxta Lucernam in Helvetia per Conradum Gesnerum, post ipsius Tract. de raris & admirandis herbis p. 52. Locus circa palustris est, si quicquam ab homine injiciatur, toti regioni ex tempestatibus & inundatione periculum esse ajunt. Idem Conradus Gesner in eadem descript. montis fracti, pag. 54.

CyrenaicaProvincia, inquit Pomponius Mela, lib. 1. de orbis situ, rupes quædam est quæ cum hominum manu attingitur, ille immodicus exurgit, arenas quæ quasi maria agens sic sævit ut æquor fluctibus.

Joachinus Vadianus in commentariis Pomponii Melæ eadem plane dicit, & confirmat ex visu quæ dicta sunt à Conrado Gesnero de lacu Montis Pilati.

Item ex Fœlicis Malleoli Tigulini Dialogo, cap. 32. subdit, constat mihi quod in Alpibus inter Bononiam & Pistorium civitates prope Castellum Samburi similis mons est & lacus ad provocandum tempestates horribiles. Item de monte Veneris ad tempestatis coruscationem fa-

pe provocato. eadem confirmat Kircher *, in mund. subterr.,* l. 5. sect. 4. ch. 6. *De dicto Monte Pilati & addit : talis quoque lacus dicitur esse in monte non longe dissito à Tridento qui tam sævas dicitur commovere tempestatum procellas &c.*

Eadem refert Majolus in dieb. canicularib. colloq. de Scagioso Apennini monte , & Momonio Hiberniæ Fonte , & Decunato Lacu Hispaniæ.

Bocatius quoque eadem narrat de Palude Pilati.

Indiæ Orientalis descriptio latinitate donata studio & opera M. Gotardi Arthus *part.* 12. *lib.* 3. *cap.* 2. *pag.* 199. *aqua miraculosa haud longè à portu Hafnefurgia rupes assurgit bifurcata & velut fissa cujus rimam in putei speciem deprimitur infra* 7. *vel* 8. *pedes in ejus fundum si despicias , aqua tibi nulla apparebit, si verò lapidem injicias audies prosilientis aquæ murmur , postea tinnitum , postremo aquam usque ad summum fibræ labrum ascendere.*

Histoire des singularitez naturelles d'Angleterre de Childrey , pag. 242. Prés de Bala il y a un grand Etáng lequel la chute des eaux ne font jamais augmenter ; mais s'il arrive que l'air soit agité de vents & de tempêtes alors il se deborde , pag. 297. Dans la riviere de Can , proche de Kendal il y a deux cataractes dont l'eau tombe de fort haut avec grand bruit , quand celle qui est au Nord fait le plus de bruit, c'est signe de beau tems & si c'est celle qui est au Sud c'est signe de pluye **V.** le theatre de nature de Bodin , fect. 5. pag. 235.

In Dalmatia specus est vasto hiatu (ut narrat Plinius) in quam dejecto pondere levi quantumvis tranquilla die , mox turbini similis emicat procella , de ea Majol. & de simili specu apud Volaterras. In Arvernia regione Gallia ad Montem Dor, alia quoque est specus Soucis apellata, in quam si lapis projiciatur continua tempestates provocantur , grandines , & tonitrua, ita Zeiglerus. In Provincia Foquien in montib. tempestates imminentes sonitu quodam quasi campana pulsu pranuntiat Fons ejusdem proprietatis dictus Theroœ Monachopoli prope Edenburgum & alii.

Fontaines de flux & reflux , conformes à ceux de la mer.

Plurimos tales Fontes refert pradictus Joan. Zahn. in dicta specula disquisit.1. scrutinio 4. c. 11. Nempe Fons Gaditanus in Delubro Herculis putei in Ripa Boëtis Fons in Hispali oppido ; alter in montanis Cebreti dictus Lauzana. Alter juxta exordium Bori fluvii in Comachia regione Hibernia, similis in Vuallia, Burdigala in Gallia, & prope civitatem Chambery. *Calis in Hispania, Hingloban in Chiapu Provincia China. De iis quoque Fontib. qui cum mari augentur & minuuntur Georg. Agricola, lib. 3. de natura eorum qua effluunt ex terra , p.129.*

Historia orb. Maritimi, lib. : . c. 42. Ex Plinio, lib. 2. cap. 97. & Gasp. Schot , *lib. 10. c. 1*

Fons motib. Oceani consentiens eodem in loco quo alter modo consentiens modo contrarius. Eod.

lib. 2. c. 43. p. 667. contra Timanum Amnem insula parva est in mari cum Fontibus calidis qui pariter cum æstu maris crescunt minuunturque.

Novus orbis seu desc. Indiæ Occid. de Laet. lib. 7. c. 5. p. 326. In pago Casa Malpa Provinciæ Chiapæ Fons limpidus eodem quo Oceanus modo sex horis crescens & decrescens etsi à mare longissimè absit.

Guillerm. Gilberti Philosophia nova, lib. 5. cap. 20. fol. 313. De æstu Fontium in Lagenia ditione Valliæ seu Cambriæ quæ insulæ nostræ Occidentalis pars est ; in Parrochia de Kilken Fons est distans à mari sex milliaria, singulis diebus bis ut mare impletus & inanitus.

In comitatu Darbiæ dictus Tisdelvel cujus aqua visæ sunt sæpe ascendere ut mare solet qui tamen 40. milliaria à mare distat.

In Hibernia, in Comaglia Fons est erumpens in montis cacumine longe à mari qui statis temporib. ut mare singulis diebus æstuat aquarum augmento & diminutione.

Journal des Voyages de Monsieur de Montconis, en son Voyage de Syrie, p. 317. Fontaine de Siloé qu'on dit avoir flux & reflux.

Cosmographie de Thevet, liv. 7. ch. 14. p. 234. Montagne en l'Isle de Delos nommée Ciultrie, à présent Caura au pied de laquelle est une Fontaine qui croît & décroît ainsi que la mer, non pas toûjours mais en certaine saison & principalement durant les ardeurs de la Canicule.

Relation du Voyage d'Espagne, tom. 1. p. 237, Dans la haute montagne de Cebrez on trouve une Fontaine à la source du Fluve de Lours qui a son flux & reflux conforme à la mer bien qu'elle en soit éloignée de vingt lieües.

L'Histoire naturelle d'Irlande, sect. 3. fol. 103. fait mention de la Fontaine susmentionnée, ayant des flux & reflux conformes à ceux de la mer, quoyque située sur une haute montagne éloignée de la mer.

Baccius de Thermis, p. 174. Cyanæ Fons crescens & decrescens cum Luna.

Conatus ad explicanda Phœnomena R. Boyle R. H. p. 43. Fontes qui memorantur à Doctissimo Camdeno & post ipsum ab Aspedio inventi in hac insula quorum alterum narrant in cacumine montis apud parvum pagum Kilken in comitatu vulgo dicto Fliñtschire maris æmulus qui statis temporib. surgit & cadit juxta fluxum maris.

Alter est in comitatu vulgo dicto Caermardenshire in loco dicto Cantred Bichan qui ut scribit Girardus naturali die, bis undis deficiens & toties exuberans marinas imitatur instabilitates.

Item Kircherii mundus subterraneus, tom. 1. lib. 5. sect. 4. cap. 4. de Fontium nonnullorum fluxu & refluxu ; de his quoque Andreas Baccius de Thermis, lib. 1. cap. 24. pag. 45. ex Plinio.

Ambassade de la Compagnie Orientale des Provinces-unies à la Chine, p. 270. Le Mont Huchung enferme un Puits où l'eau entre & sort comme si c'étoit le flux de la mer.

Item

Item Kircher *mund. subterr. tom. 1. lib. 5. sect. 4. cap. 4. de fontium nonnullorum fluxu, & refluxu.*

De his quoque Andreas Baccius de Thermis, l. 1. c. 24. p. 45. ex Plin. l. 6. §. 1. §. 8. p. 268. Paliscorum lacus immensæ profunditatis occulto cum Æthna corresponsu aquis ad tres cubitus in altum assurgentib. statib. in eas tum à mari vicino tum ab æstu incumbentibus.. de similibus fontib. plura dicit & exempla sive descriptiones affert.

Et P. Gaspard Schotus in Anatomia fontium, lib. 1. c. 1. p. 13. & c. 4. & lib. 6. c. 1. p. 356. & 357.

Item Eusebius Nierembergius de miraculis Europæ., cap. 29. & c. 53.

Abrahamus Ortelius in Hibernia, & Giraldus, lib. 2. Topograph. Hiberniæ. Conimbricenses in Meteoris. Schot. p. 16. Est (inquit) Fons ejusmodi prope Urbem Petrachoram vulgò Perigueux.

Histoire des singularités d'Angleterre de Childrey, p. 154. Prés du Kilcher il y a une petite Fontaine qui a flux & reflux comme la mer.

Plurimos Fontes habentes pariter fluxus & refluxus conformes fluxibus & refluxib. maris, refert Joan. Zahn. in specula Physica - Matematico-Historica, disquisit. 1. scrut. 4. cap. 11. scilicet fons Gaditanus in delubro Herculis. Putei in Ripa Boëtis. Fons in Hispali Oppido. Alter in montanis Cebretti dictus Louzara. Alter juxta exordium Bori fluvii in Comachia regione Hibernia. Similes in Vuallia, Burdigala in Gallia,

& prope civitatem Chambery. *Calis in Hispania. Hinghoan in Chiapu Provincia China. De iis font. qui cum mari augentur & minuuntur. Candenus, & Speedius de fontib. fluentib. & refluentibus maris inſtar in inſula, quorum alterum narrant eſſe in cacumine montis apud parvum pagum* Kilken *in Comitatu vulgò dicto* Flinſchire, *maris æmulus, qui ſtatis temporib. ſuas evomit & reſorbet aquas ; qui ſtatis temporibus ſurgit & cadit inſtar fluxuum maris. Alter in Comitatu vulgò dicto* Cærmardenſchire, *de iis in lib. cui titulus,* Conatus ad explicanda Phænomena *de* R. Boyle *per* R. H. *impreſſo Amſtelodami.*

Fontaines, Fleuves, Gouffres, ou Eurippes
qui ont leurs flux & reflux contraires
a ceux de l'Ocean.

D. c. 1 l. 4. Lud. R. Patritii *de Urbe India* Cambaja. *Auctus inibi fluminum contrarias vices incrementorum habens, quippe qui non niſi decreſcente luna augeſcunt, apud nos verò pleniluniis tumeſcunt amnes mirandum in modum.* Schotus *in Anatomia fontium; de ſimil. fontib. tractat & exempla refert,* lib. 6. c. 1. p. 358. & 359.

Minera del mondo di Signor Gio Maria Bonardo, *l. 6. 1. cap. 6. n. 11. Villa* Arcadia *appreſſo il fiume* Sabrino *è il laco* Lingalma *è qual nel creſiere di Oceano ſi retira cedendo all'onde marine, riverſandole poi yel ſi mare con grand impeto.*

Vincent le Blanc en ſon Voyage des Indes, pag. 67. au Royaume de Cambaye les flux sont contraires aux nôtres, les eaux étans les plus basses à la pleine-Lune, le même arrive à Bengala.

Wossius dans son Guidon de la Navigation, ch. 15. p. 71. & 72. *Navigatio R. Patritii, l. 4. c. 1.* Itineraire de Loüis Barthema, *l. 1.* Histoire universelle de Fr. de Belle-Forest, ch. 9. rapportent les mêmes choses.

Hist. orbis maritimi, lib. 2. c. 42. p. 658. in Ripa Boëtis oppidum est cujus putei crescente æstu minuuntur, augescunt descendente. De his Plin. lib. 2. cap. 97. G. Schot. lib. 1. cap. 1.

Guill. Gilberti Philosophia nova, lib. 5. cap. 20. in Lagenia ditione VValliæ seu Cambriæ quæ insula nostra Ocidentalis pars est, in Parochia de Kilken Fons est qui distans à mari 6. milliaria singulis dieb. bis ut mare impletur, & inanitur impletis cum mare recessit, inanitur cum accessit.

Andreas Baccius, lib. 1. cap. 24. de similib. fontib. ex Plinio: item Kircher mund. subterr. sect. 4. c. 4. pag. 286.

Conatus ad explicanda Phœnomena R. Boyle per R. H. pag. 43. Puteus ad fluvium Ogmore in Comitatu Glamergensi prope Nemeroniam, de quo Camdenus refert fontem istum fluere & refluere motu plane contrario fluxui maris in istis partib. nam fere vacuus est pleno æstu maris, sed plenus decurrente mari.

Histoire des singularités naturelles d'Angleterre, & païs de Galles, de Childrey, P. 335. Puits prés Nevuton & de la riviere de Seudon, dont l'eau est tres-basse quand la mer est haute, & dont l'eau boüillonne en grande quantité quand la mer est basse, cela ne se remarque pas bien qu'en Esté, parce qu'en Hyver elle ne se voit pas si bien à cause des torrens des pluyes.

Majol. dies caniculares colloquio 3. Strabo refert à Polybio ad Gades fontem esse in quo paucis gradibus descendatur aquæ potabilis contrariæ marinis fluctib. naturæ, quando quidem dum illius augentur, aquæ ejus minuuntur, & contra.

Multos similes fontes memorat hoc loco Majol. ex variis Authoribus, sed notabile illud, quod refert, p.183. ex Ludovico Barthema, se in regno Cambiæ Orientalis Indiæ deficiente luna fontes quosdam excrescere & minui plena luna.

Lud. Barthem. de reb. Indicis, lib. 1. cap. 1. quod mihi inde provenire videtur ex eo quod maris fluxus in littorib. hujus regni fieri soleat temporib. oppositis ordinariis fluxib. aliorum marium.

De his novus orbis regionum ac insularum veteribus incognitarum impressus Basilicæ apud Jo. Hervagiven 1532. & Lud. Patritii Indicarum rerum, lib.4. cap. 1. p.225.

Georg. Agricola de natura eorum quæ effluunt ex terra, lib. 3. p. 129. ibi de fontib. qui modo mari contrario fluunt & refluunt.

Item Joan. Zahn. in dicta specula Phisico-Mathematico-Historica, plurib. locis & speciatim, p. 138. hæc refert de vortice Norvegiæ. sc. quod resorbeat aquas accedente fluxu, reflet, sive restituat dum fit refluxus. Item de

alio simili in Scandia , & circa polum arcti-
cum.

Fontaines dans des tems les ayant conformes & dans d'autres difformes

Hift. orbis Maritim. lib.2. c.42. p.658. in
Gadibus qui eft delubrum Herculis , proximus
eft Fons inclufus fimul cum Oceano augens mi-
nuiturque , alias verò utrumque contrariis tem-
poribus.

Gouffres ou Euripes abforbans & rejettans
alternativement les eaux.

Hiftoria orbis maritimi , lib.2. cap.33. pag.
691. fub promontorio S.Nafi : In Lappiam navi-
gantib. antrum occurrit vorticofum quod fingulis
horis mare abforbet , & alternatim evomit.
J. Herbinii differtationes de cataractis, lib.2.
cap.9. p.126. 127. & 128 & fequentib. De
Charibdibus Norvegiæ & aliis aquas &
navigia forbentib. p.132. & feq. aquas fub-
fequenter & omnia eructantibus.
Pag.134. ex Lerino Algotio (refert idem
Herbinius pag.335.) obfervatum effe à peritis
harum partium ultro citroque commeantib. vi-
ris , poftquam Norvegicus vortex aquas abfor-
pferit , alterum in Bothnico mari vorticem de-
nuo eas per fubterraneum finum Norvegicum
ad vomendas aquas quas abforpferit ,cogere, &c.
Olaus Magnus , lib.2. Hiftoriæ Septentriona-
lis cap.6. tradit finum Bothnicum innumeris fco-
pulis intricatum , montibus altiffimis circum-

datum, intra quorum radices mare per immen-
fas voragines cum horribili & intolerabili fono
nunc abforbetur nunc iterùm revomitur.

G. *Agricola de natura eorum quæ efflaunt ex*
terra lib.3. p.131. ibi de gurgitib. magnis quo-
rumdam fontium, & lib.4. p.152. & 153. de
voraginib. fub mari aquas forbentib. per hiatus
immenfos aperientib. urbes, agros abforbentib.
item de aliis moles egerentib. & evomentibus.

Jacques Fumée, des mouvemens des
mers p.127. en la mer Glaciale à S. Nafe,
il y a un Gouffre, lequel fix heures boit la
mer & fix heures la rejette.

Non loin d'Irlande il y a un autre
Gouffre, auquel abordent tous les flots de
la mer, non loin de là un autre qui a
flux & reflux, &c.

Baccius de Thermis lib.1. c.18. p.92. locus
in mari anfractuofus vaftis cavernis per quas
præcipitans longo tractu mare furfum invento
obici regurgitat & quafi reciproco impulfu re-
currit &c.

Kircher *mund. fubterranei, tom.1. lib.1.*
cap. 16. pag.102. de Taurominitana charibde
contingit (inquit) ut aquarum egeftarum mo-
les furfum tendat atque in forma clivi in fuper-
ficie furgat. de his Schoti Anat. font. l.1. c.8.

Joan. Zahn. in dicta fpecula Phifico-Ma-
them. Hiftorica, p.138. dicit vorticem Norve-
giæ tredecim in ambitu continere milliaria fe-
cundùm Geographos, cujus centrum occupat ru-
pes Mucske dicta; fex horis omnia abforbet &
totidem revomit; forbet accedente fluxu, re-
flat refluxu.

Refert quoque ex Zeiglero, esse in Scandia inter tres insulas Norvegiæ scilicet Lofoth, Largamnas, & Mastral, mare Muskostron apellari solitum, in quo aquæ sorbentur accedente fluxu,& rejiciuntur refluxu. In sinu maris Persici dissimilis spectatur vortex. Item inter Angliam & Normaniam. Idem J. Zahn. loco prædicto de vehementib. fluxib. tractuum marinorum polo arctico vicinorum secundùm testimonia Nautarum.

Insulæ natantes & alia gravia corpora sustentata aut pulsata ab aquis, Isles flotantes.

Kircher mund. subterr. tom.1. lib.5. sect.4. cap.2. Consectario 2. de insulis in lacubus & stagnis fluctuantibus.

Sc. in lacubus Stratoniensi, Tarquiniensi & Vadimontis, ut testatur Seneca, & nos de illis (inquit Kircherus) fusè agimus in Hetruria nostra quarum tum hodierna die nulla superesse comperitur ; in lacu Cutiliæ & in Lydia Nimpharum insula lacus Cheumis; in Ægyptoque Lucos, Silvasque & Apollinis grande sustinens Templum natabat.

Hodie compluribus locis tum in Europa tum in cæteris mundi partium regionibus tales reperiuntur.

Tribus Tribure milliarib.in Albula fluvio sexdecim insulæ fluctuantes quas Barchettade vocant; In Gallia Belgica juxta Audomarum lacus ingentem insulam arboribus consitam & pascuis uberem portans, alia in Gallia Narbonensi.

Majoli dies caniculares colloq. 14. p.196. de plurib. insulis fluitantib. ex Leandro & Plinio.

M iiij

Ortelius de alia insula fluitante in Scotia me-
morat , p. 194. de novis insulis quæ prodie-
runt à mari ex plurib. Autorib.

Item Kircherii mund. subterr. tom. 1. l.2
cap. 12. §. 1. de montib. & vallib. absorptis
& renatis ; plures tales hîc ex Historicis comme-
morat. Item §.2.montes, inquit, successu tempo-
ris deficiunt & valles attolluntur. §.4. de in-
sularum novarum exordio , p.79.

Hist. de Thunis & d'Alger , *p.* 66. & 67.
Riviere couverte de sable.

Quantité de coquilles trouvées sur les
hautes montagnes , suivant le raport d'O-
learius , p.276. & liv. 4. p. 379. de Pietro Dellavalle , p. 473. *Majoli dies canicu-*
lares , p.219. naves cum omnibus instrumentis &
40. hominum cadaverib. & plurima conchilia
reperta in jugis montium.

Alexander ab Alexandro genialium dierum,
lib. 5. cap. 9. Alia exempla de miris lapidib.
Conchi. &c. Borellus Cent.2. observat. 61. Jo-
handan. de Cancris & serpentib. petrefactis.
Relation de l'Isle de S. Erin Du P. Richard , *p.* 18. Isle sortie du fonds de la mer,
& alii similia referunt.

Joan. Zahn, in prædicta specula , p. 21 &
sequentibus ex Hieronimo Hirnhaim. de Typho.
& Zeiglero , quosdam numerat Fontes altissi-
mos in quib. innumera reperiuntur conchilia.
Sc. in Gallia prope arcem Cadillac ad Garumna
flumen , p. 42. de piscibus fossilibus , pag. 44.
in altissimis , inquit , Veronensium Alpium jugis
non pauca effodiuntur conchilia &c.

Autres remarques & autres choses singulieres
des mers.

De la Relation de Fr. Alboa , servant
de suplément à celle de Ferdinand Cour-
tois ; du long la Province de Cubiacano
à quelques lieuës du Port Sainte Croix on
trouve une mer sans fonds , & une autre
qui a le fonds tout blanc , ensuite auprés
de la terre on voit les entrées de certaines
cavernes dont la mer sort & entre ; on
croit que la mer entre pour de là produire quelques grandes rivieres.

Singularités d'Angleterre de Childrey ,
p. 254. és environs de Ditzmard & de
Marthlan la terre est creuse & suspenduë ,
& monte quand l'eau monte.

Mundus subterr. Kircher. tom. 1. lib. 2.
c. 20. p. 120. & 121. in visceribus Andium
antrorum receptacula sunt tantæ capacitatis, ut
integris regionibus in terrena superficie non ce-
dant , in his ingentes ingentium fluminum ca-
taracta inter alia memoranda navicula. Ibidem
inventa quomodo hic introducta nemo fuit qui
conjecturis potuerit &c. Item refert J. Zahn.
in dicta specula , p. 133. his verbis , sub marib.
sæpè ingentes meatus subterranei è quib. flumi-
na copiosa evolvuntur , de variis motib. maris
alibi speciatim.

Georgius Agricola de ortu & causis subterra-
neorum , lib. 2. p. 27. de mari subterraneo , seu
abstruso , & lib. 3. p. 37. de cavernis quib. ma-
ria sustinentur , p. 139. de fluvio subterme-

*dio mari penetrante , & rursus exeunt , lib. 4.
p. 153. caverna per quam mare cursu magno ,
sonituque fertur. Item Becher Physicæ subter.
lib. 1. sect. 2. c. 1. p. 58. & 59.*

Puits & autres cavernes , desquels l'air entre & sort.

*Joan. Zahn. in dicta specula Phys. Mathem.
Histor. scrutin. 3. disquis. 2. c. 4. pag. 341.
plurima collegit de ventis ; eorumq; ortu &
progressu in proximis locis sæpe (ut refert)
venti sunt contrarii etiam in eodem loco , af-
fertq; plura exempla. Item de ventis periodicis
de terra in mare , & de mari in terram spi.
rantib. deque legibus periodorum , eorum al-
ternationib. seu vicissitudinib. impetu , locis ,
qualitatib. specieb. &c.
Subsequenter de montib. Æoliis criptis ven-
tosis , pag. 344. cripta Æolia Novioduni seu
Nions ex Relatione Petri Gisonii in mundo subterraneo , lib. 4. sect. 2. cap. 10. celeberrima
est , ex ea expirant perennes venti impetuosi in
montib. Thebet, ubi Ganges nascitur : ex Relatione Balthasar Danrada , montes nonnulli per
omnes fissuras horribili sonitu ac fremitu ventos emittunt. Idem habetur in relatione P.
Pais. de nonnullis montib. Æthiopiæ , in Alpib.
Gallembergensib Carniolæ superioris quæ Stiriam
à Carniola disterminant vulgò Gallemberska-
Plavina dictis. Foramen patet instar camini qui
Accolis VVeternox dicitur , in quod si lapis injiciatur validus erumpit ventus , vehementesq;
natus ut refert Valvasar in Topographia Carniola.*

Haud procul Ternio cui adjacet mons Æolius, ad cujus pedes plures patent rimæ, & fissuræ per quas æstivis mensibus venti vehementes efflare solent, his utuntur incolæ per canales ad refrigerium, observant si venti stata tempora ita ut de die quatuor horis ante & totidem post meridiem flatus suos continuent, inde verò paulatim remittunt & de nocte omnino silent, hyeme non efflant, & è contra, aër externus intus trahitur, unde si levia aliqua corpora scissuris illis apponantur, mox attrahuntur & intus rapiuntur. Narrat Vincentius Bellovacensis, apud Tartaros montem esse haud magnum, è cujus quòdam foramine hyberno tempore tantæ tempestates emergunt, ut homines illinc vix & non nisi cum periculo transire possint. Mons Fang in Huquang Chinæ Provincia (ut Pater Martini refert in Athlante) in quo Vere & Autumno nullus ventus percipitur, Æstæ verò è cavernis assiduè emittitur; hyberno verò tempore ventus non extra sed ab extra attractus impellitur, ejusmodi montes Æolii in multis aliis Europæ locis reperiuntur scilicet in Italia mons Casiorum, & in Gallia quidam mons Alverniæ.

Olaus Magnus refert in Aquilonari plaga montes reperiri, ad quorum radices antra reperiuntur, ex quibus maximus erumpentium ventorum fragor &c. Simile antrum Æolium patet in Subsbacensi superioris Palatinatus territorio &c. alios refert P. Fournier in Geographia orbis, lib. 5. c. 15. Item Schot. in Magia naturali, part. 2. lib. 3. Syntagma. 5. Georg. Agricola de ortu & causa subteraneo-

rum, de aëre subterraneo & de ventis, pag. 20. 21. 22. & 23. & seq. & lib. 2. p. 135. de ventis qui sub terra oriuntur. Item p. 150. & 151. è terra erumpentibus.

Idem Agricola de natura eorum quæ effluunt ex terra, lib. 4. pag. 144. de aëre subterraneo.

Monsieur Boyle dans son Traité *de temperie subterranearum regionum, cap.* 10. tire d'*Agricola* l'exemple de deux Puits prochains, dans l'un desquels l'air entre continuellement, & l'autre duquel il sort de même incessamment, ainsi (dit ledit Agricol) *De ortu & causis subterraneorum, mediante caniculo vel canali ille qui foveam ac fodinam ipsam connectit aër qui in unam ex illis foveis influit ad aliam transit, & 5. lib. de re metallica, aër exterior se sua sponte fundit in cava terræ atq; cum per ea penetrare potest, rursus evolat foras secundùm diversas tempestates &c.* En suite ledit sieur Boyle ajoûte, *Curiosissimus quidam vir, cujus in subterraneis structuris cura præcipua versabatur, cursum aëris tam æstate quam hieme eadem fieri constante via asseverabat, intrante aëre ad orificium putei & egrediente ad perpendicularem foveam ; hic etiam affert ex Morino simile testimonium.*

Baccius de Thermis in additamentis primi lib. cap. 21. *pag.* 92. *in fine indicat fluxum & refluxum aëris.*

Kircher *mund. subterr. tom.* 1. *lib.* 2. *c.* 19. *p.* 111. *& seq. de plurib. locis, montib. & cavernis è quib. aër & venti exeunt. Item p.* 116. *fic sit mirum dictu non jam vento expirante pro-*

truditur , sed introrsum nescio qua abdita vi at-
trahitur , & tanto quidem vehementius quan-
to frigus fuerit intentius : ratio p. 117.

Alexander Guagainus in Moscoviæ descri-
ptione narrat ventos sese insinuare in terræ præ-
cordia indidem erumpentes.

J. Herbinius de cataractis , lib. 1. Disserta-
tione 1. cap. 5. pag. 26. de circulatione aëris
ingrediendo terræ cavernas atque iterum alibi
egrediendo.

Item Kircher mund. subterr. tom. 1. lib. 4.
sect. 2. de aëris & ventorum causis cap. 1. p. 191.
& 192. de mira naturæ circulatione ubi com-
parat circulationem aëris circulationi aquarum.

Vulcans , c'est à dire Montagnes ou Cavernes ,
desquelles il s'éleve ou sortent de grands feux
& des mers , dont il en est sorti diverses fois.

Un Autheur nommé Thomas Ittigius a
fait un Traité de ces sortes de Montagnes,
Puits , ou Cavernes de feu ; Kircher en
son monde soûterrain, l. 4. ch. 3. & plusieurs
autres Auteurs , suivant lesquels tant en
Europe qu'en Asie, Affrique , Amerique
& és Indes , il s'en trouve trois ou quatre
cens.

Th. Ittigius seul en compte plus de deux
cens. Licetus en son Livre intitulé Hydrologia , p. 161. 110. & 112. fait mention des feux qui sont sortis de la mer ;
& le P. Richard dans sa Relation de ce
qui s'est passé dans l'Isle de S. Erin , &
autres Auteurs. Mandeslo dans son Voya-

ge des Indes l 1. p.472. l'Ambaſſade des Hollandois à la Chine en l'an 1656. p.48. font la deſcription des Puits de feu, tels que ſont les nôtres d'eau commodes à cuire.

J.Nardi de igne ſubterraneo, ch.6.p.114.& 15.fait mention de ceux qui ont certains tems reglés. Ittigius ſect.2 .p. 217. ſuivant Gaſſendi *in Vita* Peireſchii, dit que ceux d'Ethiopie ont correſpondance avec le Veſuve, diſtant de quatre à cinq cens lieuës de celuy-là, avec ceux de Syrie & d'Arabie, &c.

Joan. Zahn. in dicta ſpecula multa ex plurimis autoribus collegit de ignibus ſubterraneis, & è montibus, criptis, planiſque locis erumpentibus haud procul à Puteolis ubi ſumi denſi & igniti, &c.

In Lothiavia, & Orientali Scotiæ parte prope prædium de Ephinſten, & in provincia Fiſenſi paulò ſupra oppidum Diſart: utrobique planities longa flammis perpetuis exhauſta, foraminibus permultis cavernoſa eſt, &c. de iis Sibaldus in prodromo hiſt. natur. Scotiæ lib. 1. c.3. Strabo ſcribit lib.1. juxta Modonem aliquando exhalationem igneam erupiſſe à continenti, intumuerat enim tellus ad ſeptem ſtadia in altum tanto inſuper fervore, ut mare proximum ad quinque ſtadia, ferveret. Turbaretur autem ad 20. ſtadia, tantamque fuiſſe congeriem lapidum ut turres æquaret. In Hiſpania per terræ motum emiſſus ignis omnia depopulatus eſt, ut refert Keckelmam in ſyſtemate Phyſico lib.2.cap.12. Polidorus refert ante mortem Henrici primi Angliæ regis terram horride motam fuisse, ignemque plerisque in locis spirasse, qui aqua neque aliis rebus exstingui potuit. Fulgosius lib. 1. c. 4. de simili igne è terra emisso in Ubiorum Urbe Germaniæ ante Agripinæ, Claudii Uxoris. Item de alio imperante Tito Raymundus in chronica refert anno 99. ignem è Rheno exortum ingentem calamitatem edidisse.

Idem author in chronica anno 1135. in Gallia tellus præ calore flammam emisit. Anno 1540. insolitus per Europam æstus multa excitavit incendia potissimum in Saxonia & aliis locis. Anno 1160. Urbis Frisingensis cœlesti igne absumpta fuit.

Georg. Agricola de natura eorum quæ effluunt ex terra, lib. 4. pag. 145. ubi de locis ardentibus, & pag. 157. de ignibus subterraneis ex profundo terræ exeuntib. ambusta saxa cructantib. massas ferri similes foras projicientib. &c. Ibidem montibus ignivomis seu vulcanis, plurima de iis, pag. 158. 159. & 160. Item de flammis superficiem maris excurrentibus, & profundis ignium cavernis, p. 161. de eruptione flammarum & ignium è diversis locis terrarum & marium. Item pag. 162. enumeratio aquarum calidarum, pag. 163. & 164. rursus de plurimis locis qui tunc aut antiquitus exarserunt, incendiorumque cavernis per longum spatium sub terra modo erumpentib. modo ut fluvii sub mare erumpentib. in canalibus subterraneis, de iis quoque in tract. de ortu & causis subterraneorum, de ignis fomite & effectibus exempla plura, lib. 2. p. 35. & 36. in eodem tract. pag. 13. de intestino terræ incendio, pag. 16. de ignis subterranei materia & pastu seu fomite, lib. 3. p. 44. aquæ (in-

quit) calescunt imprimis à subterraneo calore.

Apuleius Platonicus lib. de mundo : non (in-quit.) aquarum modo tellus in se fontes habet, verum etiam spiritus , & ignis fœcunda est, nam quidam sub terra occulti sunt spiritus, & flantes incendia indidem suspirant , ut Lipare , Æthna , & Vesuvius quoque noster solet ; illi etiam ignes qui terræ secretariis continentur prætereuntes aquas vaporant , produnt longinquitatem flammæ cum tepidiores aquas reddunt ; viciniam , cum ferventiores , opposito incendio aquæ uruntur , ut Phlegetontis amnis quem Pœta inferorum &c.

Philo Judæus lib. de mundo , pag. 406. natura (inquit) ignita in terra concita.

Tremblemens de terre.

Suivant les observations raportées par Kilcher, *in mundo subterr. 1. 2. lib. 10. sect. 3. c. 1.* & les Relations des Ouvriers & Officiers des plus profondes mines , p. 183. 186. ils sentent au dessous d'eux les tremblemens de terre , ce qui fait connoître la profondeur de leur origine ; les divers Autheurs dont j'ai receüillies les observations , témoignent qu'il n'y a aucune partie du monde qui en aye été exempte , & qu'il y en a eu d'une si grande étenduë que des regions entieres de quatre à cinq cens lieuës , & toute une partie du monde s'en sentoit en même-tems , ils s'étendent sous les mers comme sur terre ; il y a des Autheurs qui en rapportent de

certains

certains qui ont parcouru tout l'Univers,
Monfieur Duhamel en fon hiftoire de l'A-
cademie des Sciences , fait mention de
ceux qui font arrivés plus recemment és
années , 1682. 1688. pag. 215. & 256.

Prædictus Joan. Zahn. in dicta ſpecula , ex
Dydimo in Catena ſuper Job. de terræ motu per
quem tota ipſa terra conquaſſata fuit , & è
centro convulſa D. N. Chriſti. Item de plurimis
aliis terræ motibus. Et Chronicon terræ mo-
tuum à Chriſto nato memorabilium , ſcrutin. 4.
diſquiſ. 1. cap. 13.

Anno 1117. menſe Janvario terræ motus
inter diem & noctem per totum terræ orbem
una vice factus eſt : hujus effectuum deſcriptio ex-
ſtat in Trithemii Chronicon. Hirſang. Stumpſius ,
lib. 4. cap. 46. Maximi terræ motus Orienta-
lis tractus an. 1170. an. 1646. terra motu to-
ta China concuſſa fuit. an. 1694. 19. Mar-
tii , terræ motus Leodii , Maſſiliæ. &c.

Idem Joan. Zahn. in dicta ſpecula. Plura ex
diverſis Authorib. collegit de amplitudine , cau-
ſis , ſignis & effectib. terræ motuum.

Item tom. 2. ſcrutin. 4. diſquiſ. 1. cap. 3.
pag. 13. & 15. de montib. novis ex terra motib.
natis, & Georg. Agricola de ortu & cauſis ſub-
terraneorum , lib. 2. p. 26. 27. 28. 29. & ſeq.

Item Apuleius Platonicus lib. de mundo de
terræ tremorib. eorumq; inſolentib. effectibus.

Paſſages & maximes des Platoniciens &c.

M. Ficin. de elementis , p. 123. ab elemen-
torum vita origo virtutum occultarum. 129. vi-

vifici *terræ partus* , *& de vita intima terræ* , p. 1449. *terra quaſi totus eſt mundus.*

Plotinus Enneade 6. *lib.*7. *c.* XI *ch.*704.*aër, & aqua videntur ſe habere in univerſo , ut in corpore vivente humores. Ariſtoteles lib. de mirabilibus in Melo inſula.* Loca terræ defoſſa *denuo replentur ; & terræ interiora ut animalium & plantarum corpora habent ſtatum , & ſenectutem , quod vivant , argumenta ab eis genita. Ariſt. meteor.* 1. *ſumma* 4. *c.*2.*c.*486. *&* 1. *Phyſic. n.*2. *c.*1. *&* 4. *Hypocrat.de victus ratione ,* p.344. *omnia quæ ſunt in corpore ſuo modo ad Univerſi imitationem , &c. Tranſitus ſpiritus calidi , & frigidi ad terræ imitationem , &c. idem Hypocr. in aphoriſmis ,* p.1281. *ubi de terræ hiatibus & venis in imis receſſibus natura viſcerum omne genus fabricavit.*

Kircher *in* 1. *præfat. mundi ſubter. de terra loquens : Dici poteſt (inquit) organum verè harmonicum : & p.* 2. *Hanc denuo vocat admirandum geoſcomi interioris organum & cap.* 2. *& c.* 3. *præfat. de interiori geoſcomi fabrica , non minori ſane (inquit) quam in humani corporis tot vitalium membrorum officiis diſtincti, tot venarum, fibrarum, nervorum, muſculorumque ductib. inſtructi , tot cæcis meatuum Syphonib. pertuſi &c.*

Addit in præfat. 2. *p.* 3. *nihil in hoc opere quod experimentis à me factis comprobatum non ſit.*

De la faculté expultrice du Globe terrestre.

Joan. Zahn. in dicta specula Physico - Mathematico - historica tom. 2. pag. 22. de pluribus montibus nativi salis in comitatu Cardone , in quibus cum maximè sale vacuatur , tunc citius in altius crescere dicitur , ita refert Joan. Gerundus in Paralelipomenon Hispaniæ, lib. 1.

Eadem pag. Joan. Zahn. de mirabili quorumdam montium ortu atque absorptione.

Pag. 23. possunt (inquit) maria & amplissima aquarum conceptacula ad reconditos terræ sinus recedere , &c. possuntque à subterranea expultrice facultate per lapidum , arenarum , cinerum , aliarumque ejectionis aquarum profluvia sisti , vel exsiccari , &c.

Kircher *in mundo subterraneo , refert esse in Helvetia locum quemdam inter lacus cui opponitur mons præruptus ac petrosus : hic (inquit) quotidie nova sumit incrementa, ita ut nullum ibi constare possit ædificium , ejusmodi incrementum , novusque erumpens agger calidiori in primis tempore, mane potissimum , &c.*

In aliquibus etiam locis gelu concretus later extruditur , uti & lapides , & petræ , plura de hoc monte videntur apud Zeilerum.

Imperante Lothario anno 8. ejus Imperii natus est agger sive collis in Saxonia sex passuum millia longus.

Idem Joan. Zahn. pag. 13. & 15. de terris in altum sublatis ex Hevelio ; aliisque authoribus.

Pag. 35. terra tractus circa Mutinensem ur-

bem in quo si locus unde sulphur erutum est, terra denuo repleatur, intra quatuor annos vero sulphure repletum reperiatur.

In insula Milo Archipelagi terra est ea natura ut si effossa illò, mox transferatur aliò, mox alia renascatur, & in ablatæ locum mirabiliter succedat; ita refert Neilchitz, in Itinerario Orientali.

In Catalaunia laudatur inexhausta & perennis lapidicina, crescente sic materia, & cicatricem obducente natura, ut nihil pene videatus excisum, licet infinita quotidiè petatur materia.

In agro Trojano prope Lectum promontorium sales sponte nascuntur in Halysio campo, & Trogoesi, ut testatur Æneas Sylvius, cap. 7. Asiæ.

His addi possunt insulæ natantes de quibus idem Zahn. pag. 37. & conchilia in montibus & pisces fossiles de quibus hic author. pag. 42. & 44.

Georg. Agricola de ortu & causis subterraneorum, lib. 1. pag. 5. quæ (ait) terra gignit in gremio contenta partim sua vi è terra erumpunt, & lib. 2. pag. 26. ubi de opinione Thaletis, qui aquam omnium principium statuit : & terra tanquam grande aliquod navigium visa est in ea fluitare, cujus opinionis mentionem fecit Seneca & Plutarchus.

Democritus asserit, ut scribit Aristoteles, terram esse plenam aquarum, quam opinionem Aristoteles non refutat, pag. 27. de amne subterraneo & mare recondito : Terra (inquit) sæpe numero molem ejecit. Ibidem, & lib. 5. p. 76. propriis motibus elementum aliud, aliud depel-

lit, *nam etiamſi aqua ſua vi*, *& pondere deſ-
cendat in inferiorem locum*, *aſcendit tamen ex
terra ut ſuper ipſam natet. Apuleius*, *lib. de
mundo. Aquam (inquit) in ſe habet tellus, aqua
(ut alii putant) vehit terram*, *& ſubſequenter
fontes*, *& maria quæ meatus*, *& lacunas &
origines habent in gremio terrarum &c.*

Idem Agricola lib. 3. ejuſdem tractatus de
natura & cauſis ſubterraneorum. p. 37. Plura
dicit de cavernis quib. maria ſuſtinentur &
ſimilibus, pag. 40. de caverna lapillos & arenas extrudente & ejiciente, & ſimilib. plurib.
in epiſtola nuncupatoria tractatus de natura
eorum quæ effluunt ex terra, pag. 88. dicti
tractatus, ubi de aquis & aliis rebus quæ erumpunt ex terra, riviſque ſalientibus, & lib. 3.
pag. 128. de fontib. exilientib. & omne pondus
impactum reſpuentibus, ſaxa extrudentib. &
ejicientib. lib. 4. p. 153. de inſulis enatis ; de
terra occultè molem evomente, fluctib. in altum ſublatis. De quib. dicto loco exempla hiſto-
riaſque narrat.

Dion Xiphilinus commemoravit in Antoni-
no pio, admirandam quandam aquarum ſca-
turiginem in monte cujus vertex in continenti
terra maritimum fluctum evomit, ſpumamque
puri & lympidi maris procul inde in terram pro-
jecit. Andreas Baccius de Thermis, p. 344. refert lacus & fontes in Portugallia admirabilem
conſenſum habere cum aëre, & apud eum dicto loco.

Joſephus Texera in Compendio rerum Portu-
galliæ dicit in montanis Jugo præalto cui nomen
Stella, lacum eſſe non parvum qui cum vix lin-

tres ac naviculas admittat, permulta navium fragmenta redundat, 20. leucis distat à mari, & cum eo æstuat, ut Timavus & alter similis in Monte, Cranus dictus, alter fons in Portugallia omnia absorbens, alter omnia respuens.

Quib. addi potest ratio, & causa ascensus cujusdam navis maritimæ in cuniculum per quem metalla effodiuntur an. 1460. apud Helvetiorum pagum Bernam inventæ centum brachii sub terram, & si ea pars Alpium longè sit à mari, de qua navi in eo loco reperta, Fulgosius testis ocularis, lib. 1. factorum dictorumq; memorabilium. Huc etiam referri possunt similia quædam narrata ab Athanas. Kirchero, lib. 1. mundi subter.

F I N.

TABLE

du Traité de l'Anatomie du monde sublunaire.

N iiij

TABLE.

TABLE.

TABLE.

TABLE.

Fin de la Table.

LOUIS par la Grace de Dieu, Roy de France & de Navarre, à nos amez & Feaux Conseillers, les Gens tenans nos Cours de Parlemens, Maîtres des Requêtes ordinaires de nôtre Hôtel, Grand Conseil, Prevôt de Paris, Baillifs, Senéchaux, leurs Lieutenans Civils, & autres nos Justiciers, Salut. Nôtre bien Amé ANTOINE BRIASSON, l'un de nos Libraires ordinaires de la Ville de Lyon ; Nous a fait exposer qu'il desireroit donner au public l'impression d'un Livre composé par le sieur Comte de Fenoyl, intitulé *Anatomie du monde sublunaire, contenans les démonstrations des dispositions de la constitution & mouvemens de toutes les parties du Globe élementaire depuis sa circonference jusques à son centre,* s'il nous plaisoit lui accorder nos Lettres sur ce necessaires. A CES CAUSES, Nous lui avons permis & permettons par ces presentes de faire imprimer ledit Livre, en telle forme, marge, caractere, & autant de fois que bon lui semblera, de le vendre ou faire vendre par tout nôtre Royaume pendant le tems & espace de six années consecutives, *à compter du jour & datte des presentes ;* Faisons défenses à tous Imprimeurs, Libraires & autres personnes

de

de quelque qualité & condition qu'elles
foient, d'imprimer, faire imprimer, con-
trefaire, vendre ni debiter ledit Livre,
fous quelque pretexte que ce puiffe être,
même d'impreffion étrangere fans le con-
fentement par écrit de l'Expofant, ou de
fes ayans caufes,à peine de confifcation des
Exemplaires contrefaits, de quinze cens
livres d'amande contre chacun des Contre-
venans, dont un tiers à Nous, un tiers
à l'Hôtel-Dieu de Paris, & l'autre tiers
audit Expofant, & de tous dépens, dom-
mages & interefts, à la charge que ces
prefentes feront enregiftrées tout au long
fur le Regiftre de la Communauté des
Imprimeurs & Libraires de Paris, & dans
trois mois de la datte d'icelles, que l'impreffion dudit Livre fera faite dans nôtre
Royaume & non ailleurs, & ce en bon pa-
pier & beau caractere, conformément
aux Reglemens de la Librairie, & qu'a-
vant de l'expofer en vente, il en fera
mis deux exemplaires dans nôtre Biblio-
theque publique, un dans celle de nôtre Chateau du Louvre, & un dans celle
de nôtre tres-cher & feal Chevalier Chan-
celier de France, le fieur Phelypeaux Comte de Pontchartrain, Commandeur de nos
ordres, le tout à peine de nullité des prefentes, du contenu defquelles; Vous man-
dons & enjoignons de faire joüir l'Expofant, ou fes ayans caufes, pleinement &
paifiblement, & fans fouffrir qu'il leur foit
fait aucun trouble ou empechement. Vou-

O

Ions que la Copie defdites préfentes qui
fera imprimée au commencement ou à la
fin dudit Livre , foit tenuë pour dûë-
ment fignifiée , & qu'aux Copies colla-
tionnées par l'un de nos Amez & Feaux
Confeillers Secretaires , foy foit ajoûtée
comme à l'Original ; Commandons au premier nôtre Huiffier ou Sergent de faire
pour l'execution d'icelles tous actes réquis
& neceffaires fans autre permiffion , nonobftant Clameur de Haro , Chartre Nor-
mande & lettres à ce contraires , Car tel
eft nôtre plaifir. Donné à Verfailles le
vingt-fixiéme jour de Septembre , l'an de
grace mil fept-cens fix. Et de nôtre regne
le foixante quatre.

Par le Roy en fon Confeil

GRESLE.

lis. fontaines, l. 12. baie, *lis.* bâtie. p. 162. Rundelphi, *lis.*
Rudolphi. p. 169. l. 18. te, *lis.* è. l. 19. qua. *lis.* aqua p. 175.
l. 1. Timanum, *lis.* Timavum. p. 177. l. 23. du Kilcher,
lis. de Kilchen. p. 178. l. 29. Cresiere, *lis.* Crescere.
p. 192. l. 15. comita, *lis.* condita.